U0056064

開一家會賺錢的店

店長必讀！收入穩定、集客獲利的原理

鬼頭宏昌——著
劉宸瑀、高詹燦——譯

◈前言

你是否能看清自己的店目前賺不賺錢呢？

如果覺得沒有賺，那你又知道不賺的原因是什麼嗎？

我想，會拿起這本書的人，大多是負責經營店面的店長或企業主吧。如今的世道並非僅憑直覺或氣勢來經營就好，對各位來說，還必須具備足以捕捉數字的敏銳，以及能使數據增長的力量才行。

因此，本書將解說箇中祕訣，好讓各位的店從激烈競爭中脫穎而出，變成熱門名店。

一般而言，店面營運必備的數據中，也有一些數字不會直接關係到「提高營業額」這個終極目標。本書不會涉及那些數據，只介紹對於各位店長或負責人真正必要的實戰知識。

畢竟我在餐飲店、服務業、零售業都取得了大量的成功先例，所以我想，這些知識一定對各位有所助益。

如今我在可以低資本創業的餐飲店和服務業上，透過連鎖加盟或委外合作的模式開了好幾間店。撇除美食外送、拉麵店、居酒屋等產業，我還經營了私人健身教練、婚友社、身心障礙人士的就業輔助事業，店鋪總數已達98家。

我父親的公司經營名古屋的兩家居酒屋和一間家常菜便當店。2000年，以父親公司由盈轉虧為契機，我受命全面重整他的公司，所以也有一些公司營運上的經驗。六年內，我將公司培育成一間擁有20家店、年銷售額20億日幣的連鎖餐廳企業。

我擔任公司負責人約略十五年，而我們所身處的環境已有大幅度的變化。

幾乎所有的行業、領域都呈現店面過剩的狀態，商店數量多於消費需求。同時，隨著以消費稅為首的增稅政策與非典型僱傭關係的增加，消費者可支配的收入正逐漸減少。

再加上，以年輕一代為主的那些積極消費的族群，其人數也正逐年遞減。

網路的普及也改變了顧客的行為模式。畢竟顧客如今不再仰賴企業所發布的廣告，而是依靠自己信任的人的口碑評論來挑選店家。

結果造成店家的人氣更加兩極化，有價值的店熱門到連訂都訂不到，沒價值的店則在轉眼間倒閉。

如今，過度競爭使得消費力下降，顧客評論又影響著消費者的行為。這種時候，店長和老闆必須超越「規則」的框架，打造出真正有價值的店，同時也要好好管理數據才行。

如果各位能在這本書中找到一些想法，從中得以讓你們的店搖身一變成為當紅名店的話，那將是我的榮幸。

2015年2月　　SBIC董事長　鬼頭宏昌

Contents

第3章 提高營收的原理與原則

※本書中所提到的金額及數字皆按照日文版原書刊載，幣值單位皆以「元」標示，請依自己的狀況替換使用。

◎內文設計・圖版製作・插圖　齋藤稔（株式会社ジーラム）

第1章

一定要知道的「賺錢」基礎

懂數字，店就賺錢

透過數學來掌握店鋪的經營

跟第一線的店長聊過後，我發現說自己「不擅長數字」的人非常多。

不過事實上，經營一間店所必備的數字屬於加減乘除的範圍，一點也不難。坦白說，這些內容都是拿去小學課堂上教，學生也能全部聽懂的級別。

或許有人是因為聽不習慣的詞彙或數學概念太多而感到卻步，但是**一間店的店長真正要熟記的數字和會計準則，其實也沒大家想像的那麼多**。

不只限於商店經營，其實做生意本身就是管理「數字」的行為。所謂「數字」，指的當然是「金錢」。一切商業行為的結果都能用數字來判斷。從這層意義上來看，只要跟經濟活動扯上關係就離不開數字。

如同我們沒有錢就無法過生活一樣，沒有數字也就沒辦法做生意。

■「賺錢」的定義是什麼？

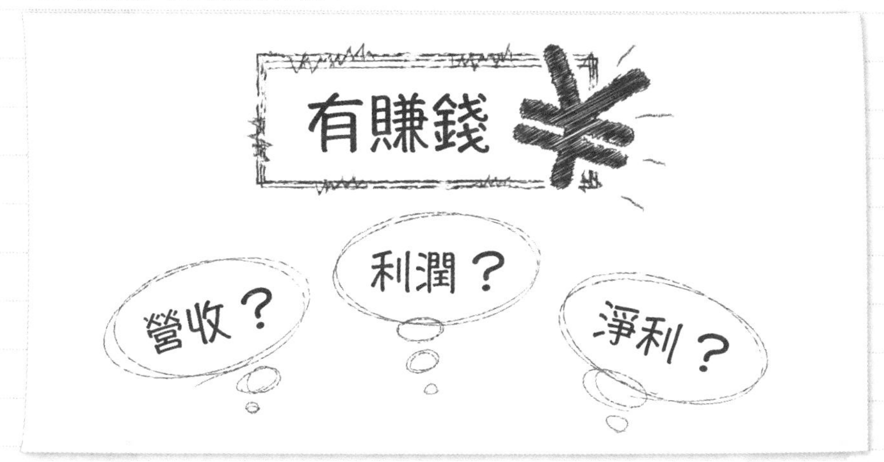

假如把「有賺錢」數字化？

會說做生意一定要懂數字，大部分是因為若憑感覺來談，會發生雙方的對話其實沒有成立的情況。後面我會詳細解釋，不過單就「有賺錢」這句話而言，「達成什麼條件才算是有賺錢」會隨著個人的判斷而有所差異。因此，**我們得透過數字來表示「賺錢」的狀況**。

如果你所在的職場不曾定義過「賺錢」這個詞，那就請你問問上司，看看他講的賺錢，指的是哪項數據達到多少數值的狀態——或許你得到的答案會跟你所預料的不同。像這樣透過將詞彙一個個轉換成數字的過程，能使雙方漸漸產生共識。

比如說「有做好人事費用的管理嗎？」這種會議上常見的議題也是一樣的道理。

將「做好人事費用的管理」數據化，讓所有人達成共識，並透過數字掌握現況；如果這些事項都沒做到，那被問到這個問題的人大概也答不出來吧。

綜上所述，除非以數字來定義說話內容，不然無論過多久都只是一直在進行徒勞無功的談話而已。換言之，**數字是我們在商場上的共通語言**。

要下決策，數字就是一切

不管是在商場上、還是日常生活中，每當做決定的時候，數字都是不可或缺的東西。

以前我改建自家房屋時，曾就變更規劃內容而跟負責人打過交道。當我提出要改時，負責人說了好幾次「要是改材質價格會貴一點」。

他要是不透過數字來告訴我實際上會貴多少錢，我就無法定奪。遇到這種狀況，如果比原本的價格貴個5萬元就改，或是貴超過20萬元就放棄，像這樣以實際的數據為基礎，就能一一做出判斷。

談調薪也一樣，即使你向老闆或上司要求「加薪」，但只要對方不清楚你薪水想增加的具體金額，那就算被你拜託了也無從決定。

舉例來說，「因為我讓營收利潤比去年增加了1000萬元，所以希望月薪增加5萬元」，**除非用這種基於數字的方式來談，否則談判永遠都無法成立**。只要你將自己實際打算提高的金額、還有足以得到這種待遇的正當性透過數據來提示對方，應當就能大幅增加要求被採納的可能性。

若是經營餐飲店，就是先看餐點的銷售狀況，再決定是要繼續延用這份菜單，還是就此作罷。零售店也一樣，是暢銷商品就繼續販賣，是滯銷商品就下架退貨。

這時，要是沒有持續透過數字掌握商品販售狀況，便無法做出決策。

■銷售狀況和菜單品項的評估

仰賴感覺是很危險的

憑感覺來做經營決策是很危險的行為。

以前我經營居酒屋時，曾親自到店裡問過這個問題：「這項商品賣得好嗎？」雖然工作人員經常回答「賣得不太好」，但實際查看數據後發現，反而有很多足以稱為暢銷品項的案例。

如果僅憑信任工作人員的意見就改動菜單，那麼這家店的經營狀況遲早會走向末路。

目前為止，我已給出好幾個例子解釋為什麼商業上少不了數字，在商業的第一線上，養成經由數字來下決策是很重要的事。

一旦公司內部**將數字當成共同語言善加運用，溝通就會變得非常順暢，而且也會因此減少「怎麼也無法跟那個人達成共識」的壓力**。

在做出經營決策時，須以數字為本做判斷。**若可以建立起掌握數字的習慣，投資時也能做出更好的決定**。至少應該會確實減少做錯選擇的情況。

讓我們透過本書來養成靠數字做決策的習慣吧。

損益表的結構

懂數字，未來將煥然一新

本書的終極目標是增加店家的利潤。

僅僅加深數字知識是無法提高獲利的，所以我們只會解說最低限度的必備知識。

我們解讀數字的目的不在於詳細分析，而是為了改變未來的數據，推算出必要的動作，並將其轉換成實際的行動。數據分析是提升利潤的手段，絕非目的。我們的目標終究是拉抬獲利。

第1章講解的會計知識是店長最低限度應了解的內容。反過來說，在商店營運上是「不先知道這些就什麼也做不了」等級的基礎知識。

請將其當作是要掌握店鋪數字就絕對必備的會計知識，並且銘記在心。

只要看懂損益表就夠了！

所謂的企業會計是由損益表和資產負債表所構成，但**分析商店數據的基礎靠的是掌握損益表的讀法**。

資產負債表顯示出特定時間的公司財務狀況（資產、負債等）。畢竟這是連動損益表所做出來的會計資料，所以在開展業務時扮演著非常重要的角色。只不過，很少有人會單就一家店的營運去使用資產負債表。

■損益表給店家用，資產負債表給公司用

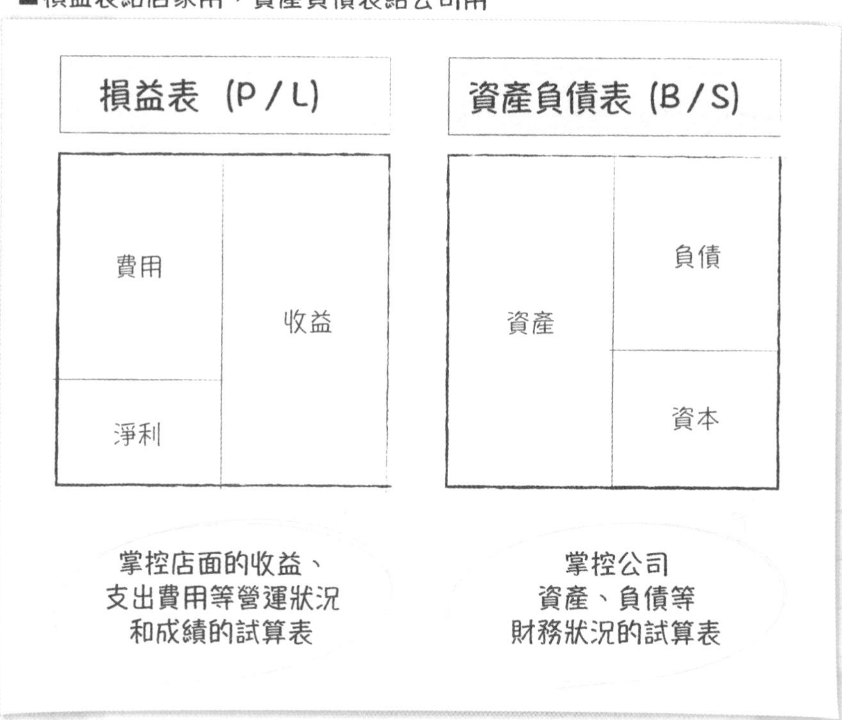

簡單來講，資產負債表是站在通盤了解公司整體立場上的老闆所要運用的東西。雖然我覺得閱讀本書的讀者中應該也有許多公司負責人，但這裡只會著重說明在商店經營上必備的損益表。

損益表是用來表示特定時間內利潤狀況的資料。藉由理解損益表，便可透過數字來知悉該商店的經營狀況。**若讀懂一家店的**

損益表，就能掌握該店創造利潤的模式。

在此順便一提，損益表的英文全名為「Profit and Loss Statement」，簡稱為「P/L」。

損益表分為公司整體的損益表和各店面的損益表兩種，這種以店面和業務做區分的損益表，我們稱為部門損益表。

公司整體的損益表和部門損益表兩者的組成結構基本雷同。只不過，公司整體的損益表上會記載利率或營業稅等項目，但部門損益表幾乎不太會列入這些費用。

先看營業成本和營業費用

店鋪損益表的數據中，營業額、營業成本、毛利、銷售總務與行政費用（以下統稱：營業費用）及營業利益都很重要，不過現在我們先來解釋經營一家店上最重要的「營業成本」和「營業費用」兩項。

●營業成本

營收扣除營業成本（原料費）後的數字，叫做營業毛利率或是毛利率。在商店營運上很多人會簡稱「毛利」，所以後面本書都如此稱之。

毛利（營業毛利率）＝營收－營業成本（原料費）

舉例來說，如果營業收入600萬元，營業成本是180萬元，則毛利是：

600萬－180萬＝420萬元

毛利可透過營收減去營業成本來計算。另外，營業成本除以營業收入所得到的數值則稱為成本率。

成本率＝營業成本（原料費）÷營業收入×100（%）

假設營收600萬元，營業成本180萬元，成本率為：

180萬÷600萬×100（%）＝30%

這裡的重點，是營業成本的計算方法。

要計算營業成本，名為「盤點」的工作必不可少。盤點是一種調查店內庫存實際數量的工作，我們經由這項工作核算出總庫存量。

損益表通常是按月計算，開頭的時機點為期初，結束時則叫做期末。

比如說，在做3月1日到3月31日這個月分的損益表時，上個月2月28日打烊時盤點的庫存量稱作期初存貨，3月31日打烊時盤點的庫存量則是期末存貨。

營業成本的計算法為下列公式：

營業成本＝期初存貨＋本期進貨－期末存貨

若期初存貨是20萬元，本期進貨190萬元，期末存貨30萬元的話，營業成本等於：

20萬＋190萬－30萬＝180萬元

接下來，從營收扣掉營業成本所得的毛利上，再減去營業費用得出的數字，就是營業利益。

營業利益＝毛利－營業費用

假如毛利為420萬元，而營業費用為300萬元時，則營業利益是：

420萬－300萬＝120萬元

■思考營業成本的方式

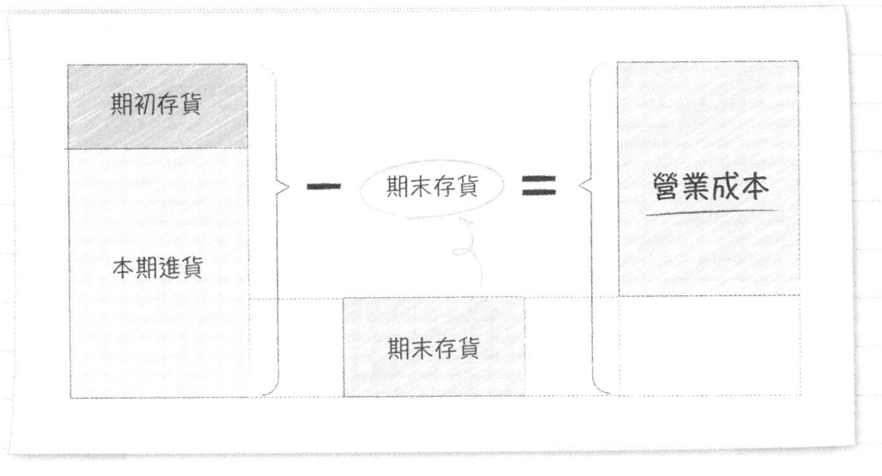

●營業費用

營業費用可說是經營店面所必要的經費。其代表項目為正職或兼職員工人事費、水電費、廣告宣傳費、店面租金等等。

除此之外的瑣碎費用則有職工福利金、會議費、耗材費、修繕費、保險費等。

由於營業利益是從營收減去營業成本得出毛利後，再從毛利扣除營業費用算出來的，所以若是營收固定不變，**便能藉由降低營業成本或營業費用來提高利潤**。

■營業費用所含項目

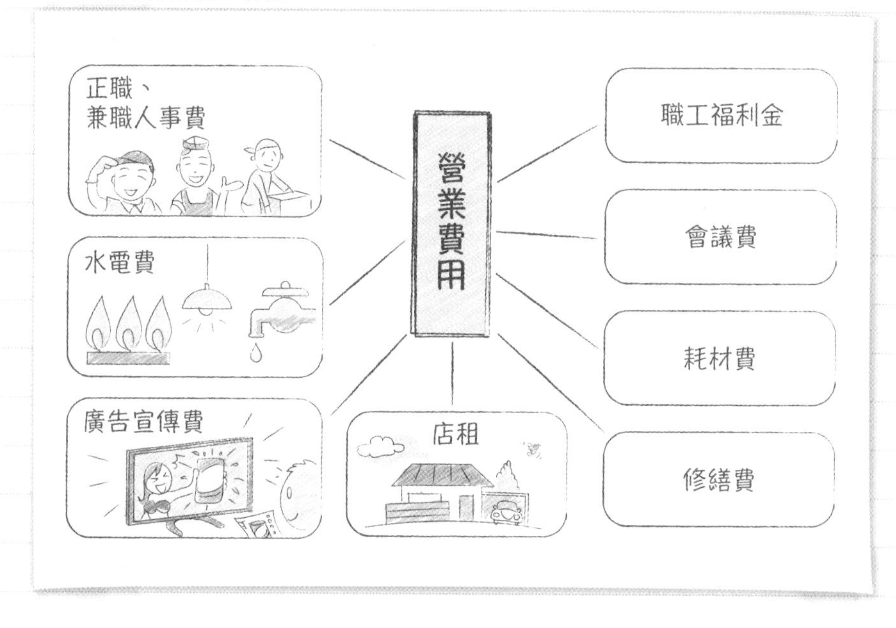

透過損益表了解五種利潤

「利潤」有五種

前面我們曾解說過，損益表分成公司整體的損益表跟店鋪（部門）各自的損益表兩種，而這兩種損益表最大的差別在於利潤的種類。

各店的損益表，也就是**部門損益表上的利潤項目只會出現「毛利」，還有毛利減掉營業費用得到的「營業利益」兩種**。

在經營店面上，只要知道這兩種利潤就可以了。另一方面，公司整體的損益表上則是載入了五種利潤。可能各位在經營店面時從未經手過五種之多的利潤也說不定，但在公司裡，當「利潤」這兩個字出現時，希望到時大家要記得確認它指的是哪一種利潤。

接下來的說明，建議搭配第29頁的五種利潤圖閱讀會更容易理解。

① 毛利

第一種利潤是毛利（營業毛利率）。

營收減去營業成本等於毛利，營業成本是從期初存貨和本期進貨的數值加總，再扣除期末存貨而來，這些我們都已經在先前的內容解釋過了。

人事費或店租、廣告宣傳費等營業費用的成本回收後，剩下的就成為這裡所說的毛利。營業費用絕對不是營收，**畢竟它終究是由毛利來支付的款項**。這個概念十分重要。

換言之，要提升店鋪利潤，就不得不考慮販賣可能賺得毛利的商品。

提升毛利的另一個重點在於降低損失。不管是零售業還是餐飲業，都會遇到得丟棄原料的情況，這種情況就叫做「損失」，如今將損失減到最低的努力愈來愈重要了。

② 營業利益

第二種利潤是營業利益。

所謂營業利益，指的是毛利（營業毛利率）減掉營業費用後的數值。

以營收來支付營業成本，再從中扣除正職員工或工讀生薪水這些人事費用、水電費、廣告宣傳費、店租、職工福利金、會議費、耗材費、修繕費、保險費等開店得支付的所有經費。

經營店面時，通常會將這項營業利益當作利潤的指標來善加運用。**營業利益是一個代表店家或公司「賺錢能力」的數字。**

必須盡力壓低營業費用，以便提升營業利益。

③ 稅前淨利

第三種利潤是稅前淨利。

在閱讀報紙之類的資訊時，偶爾上面會登載企業的決算書表。這時最常作為利潤指標來用的就是稅前淨利。

我不太清楚原因是什麼，不過報紙這類媒體在提到「利潤」

時，幾乎都是指稱稅前淨利這一項。公司在營業外的活動上會出現收益或虧損，而**將這些營業外的損益列入計算後所得出的利潤，我們就稱之為稅前淨利**。

在營業外活動中，最常列入的項目是貸款利息。在開一間店前，我們會從銀行等金融機構籌措資金。這些資金所產生的利息將作為營業外的損失來處理。

相反地，在股票交易上得到的利潤或損失也會被當作是營業外的收支款項。不過一般來說，在拿營業利益支付銀行利息後，剩下的利潤就叫做稅後淨利。

④ 本期淨利

第四種利潤是本期淨利。

本期淨利指的是以第③項的稅前淨利，加上伴隨店面售出所獲得的損益、商店停業所帶來的虧損等**臨時產生的收益和損失總計出來的利潤**。

不會反覆發生的損失叫做非常損失（非正常損失）。反之，不會反覆出現的利益稱為非常利益。「非常損失」這種說法當然只會出現在虧損時，不過虧損的情況一般而言還滿常發生的。

被列入非常損失的例子，多半是商店停業或裁員時的資遣費、不良債權或資產的處理等。

⑤ 其他綜合淨利（稅後淨額）

第五種利潤是課稅後的其他綜合淨利（稅後淨額）。

把第四項的本期淨利減去營利事業所得稅後，就是其他綜合淨利了。報紙等媒體經常稱其為最終獲利。

在美國講到利潤，多半指的是這項數值；但在日本，利潤代表稅前淨利的情形較為普遍。

這五個項目演變成損益表上的五種利潤。隨著「利潤」這個詞指代的意義不同，其數據也會有極大的差異。就算是當作為了統一定義公司內的用詞也好，請各位先將這五項利潤的內容熟記於心。

■五種利潤

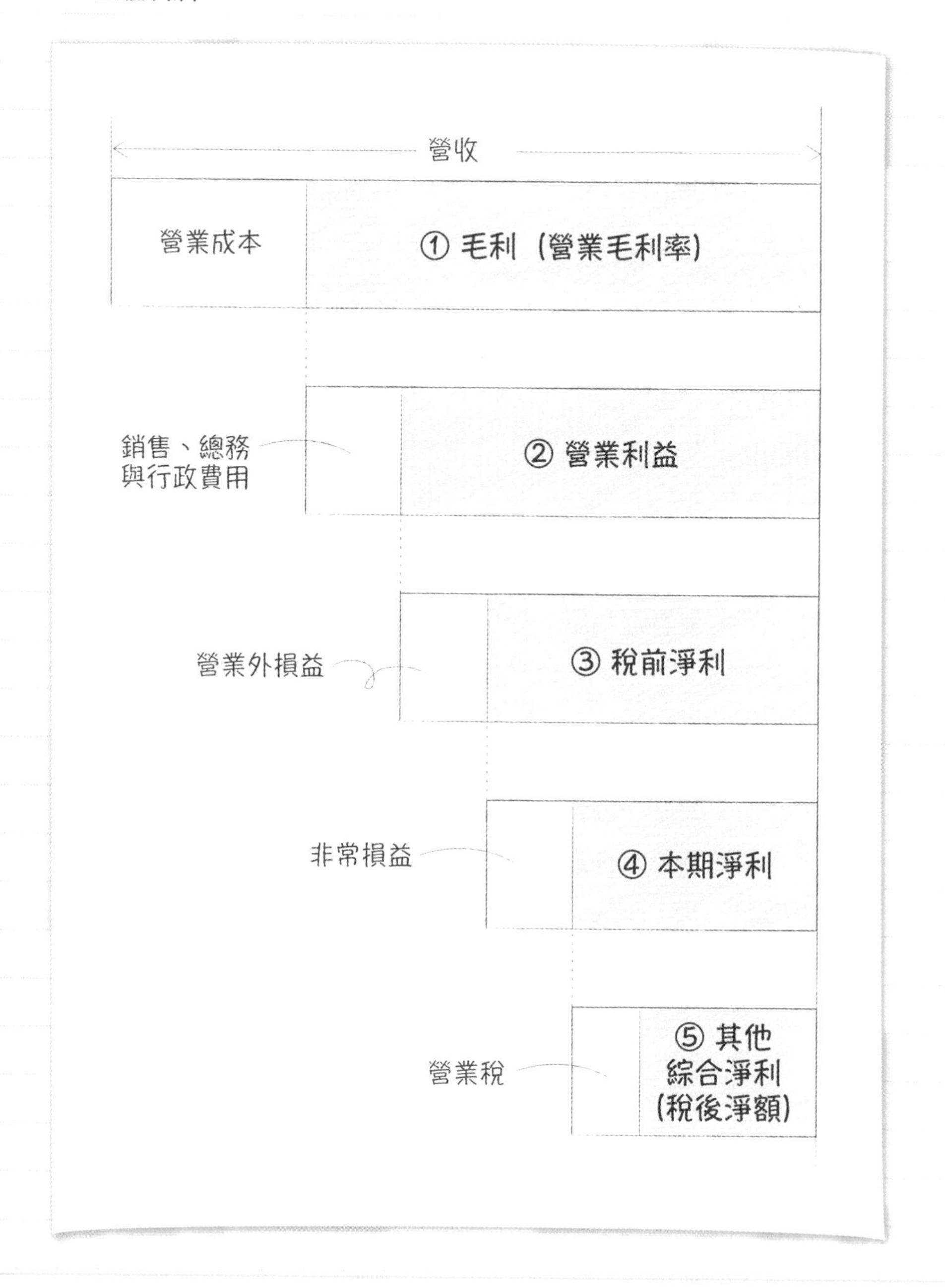
營收
營業成本
① 毛利（營業毛利率）
銷售、總務
與行政費用
② 營業利益
營業外損益
③ 稅前淨利
非常損益
④ 本期淨利
營業稅
⑤ 其他
綜合淨利
（稅後淨額）

兩種經費：「固定費用」和「變動費用」

提高營收？壓低經費？

通常管理商店時都會以營業利益作為經營指標。畢竟在開店當下，開店資金中有多少是向銀行借貸（有多少資金會生利息）、手邊有多少資金可以調用等，都是看公司財務狀況來做決定的。

換言之，利息會有多少並非店長能決定的事情，更別說是透過店長的努力來調降利息。利息或非常損失這類項目幾乎跟店鋪的經營毫無關聯，所以才會將營業利益視為經營指標來使用。

營業利益是營收減去營業成本求得毛利後，再扣除營業費用算出的數值。因此，**要拉抬營業利益，首先必須使毛利增加，然後再將營業費用控制在最低限度**。

要增加毛利，須提高營收或降低營業成本。之後我們將在把握這項原理原則的狀態下進入正題。

■毛利的基本原則

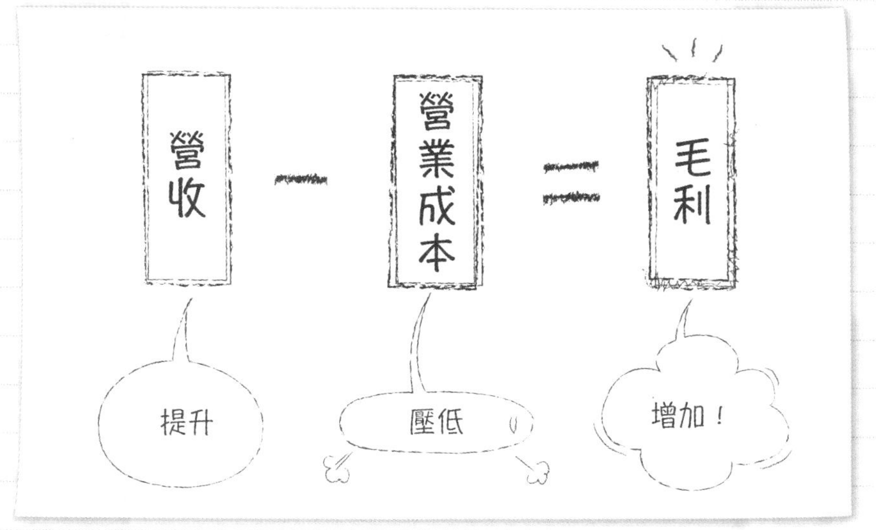

無關營收的固定費用，與營收成比例的變動費用

用來提高營收的費用，除了以營業成本和營業費用區分以外，還有一種思考方式是分成固定費用和變動費用兩種支出。這概念在店鋪營運上非常重要。

所謂的固定費用，是無關營收且每個月必定產生的經費。

另一邊的**變動費用，則是指與營收成比例產生的經費**。

無論營收再怎麼攀升也不會改變的是固定費用；隨著營收的增長而成正比產生的是變動費用。反過來說，就算沒有營業額也一定會產生的是固定費用；若營業額減少，便會隨之成比例減少的是變動費用。固定費用的代表是人事費、店租、折舊費用。變動費用的代表項目則是營業成本。

雖然在會計的定義上，會如前述般分成固定費用和變動費用兩項；但在實際經營店面時，基本上很多數據項目在會計裡被歸屬在變動費用，但其實它們都具有固定費用的性質。

這裡的代表是水電費和兼職人事費。水電費在會計概念上隸屬變動費用，然而無論是便利商店還是餐飲店，只要店面開始營業，不管客人來不來都得一直開著燈或冰箱才行。

像是小吃店這類店家，忙起來的時候，烹調用的瓦斯費等費用多少會有所變化，可是用來炸食物的烹調器具或烤箱的電源，不管客人來不來，只要在營業時間內都得一直開著。也就是說，**此處產生了跟營收增減無關的固定費用**。

兼職人事費在會計概念上也是變動費用，然而要完全按營收的比例來增減是不可能的。它那如同固定費用帶給我們的印象般階段性增加的狀態，可說是它最接近現實的模樣。會這樣也是因為，每家店都必須備好無關營收但至少應有的員工人數。

從上述理由我們得知，**在商店營運上，營業費用屬於固定支出，營業成本則被列為變動費用**。也許感覺很胡來，不過這種區分方式才更貼近現實。

即使營業費用裡的耗材費具有變動成本的性質，但它的金額比較小，所以我認為粗略地將營業成本分在變動費用，營業費用則歸於固定費用的做法，大致上沒什麼問題。

還有，像是業績獎金或加盟店的加盟金（總部所收取的相應報酬）這種完全按照營收變化的營業費用，也被歸類在變動費用裡面。

■商店營運的固定費用與變動費用

固定費用＝營業費用 不被營收左右的經費	變動費用＝營業成本 隨營收比例增加的經費
 人事費	 原料費
 店租	 進貨成本
 折舊費	 業績獎金　等
 水電費	

固定與變動費用的組成，決定了店家的能力

固定費用和變動費用會這麼重要，是因為**可以透過這兩者的組成來決定整體事業的收益結構**。無論是管理公司也好、經營店鋪也罷，這都是非常重要的概念。

舉個例子，假設有家店一個月有600萬元的營收，並能創造120萬元的營業利益。當這家店的營收變成兩倍時，各位想想看，其利潤會變成多少呢？

當然，有些部分無法光憑這些資訊做判斷，但本來也不太會有利潤變兩倍的好事不是嗎？

雖說如果所有經費都是變動費用，那利益的確可以變成兩倍，然而現實中不會發生這種事。

比如說，我們假定這裡介紹的案例的店家是一間餐飲店好了。試試看把這家店的變動費用當作營業成本，而固定費則設定成營業費用。

營業成本定為營收的30%。於是變動費用花了600萬元乘以30%，即180萬元。

固定費用則是：

600萬（營收）－180萬（變動費用）－120萬（營業利益）＝300萬元

若這家店的營收變成兩倍，即：

600萬×2＝1200萬元

其營業利益就變成：

1200萬－（1200萬×30%）－300萬＝540萬元

像這樣，**只要將經費分成固定費用與變動費用，應當就能算出兩倍營收時的利潤**。

當然，隨著營收翻倍，營業費用中的兼職人事費或耗材費可能多少也會增加，但到時跟這個數字的差距一定不大。

■營收變為兩倍時的模擬算式

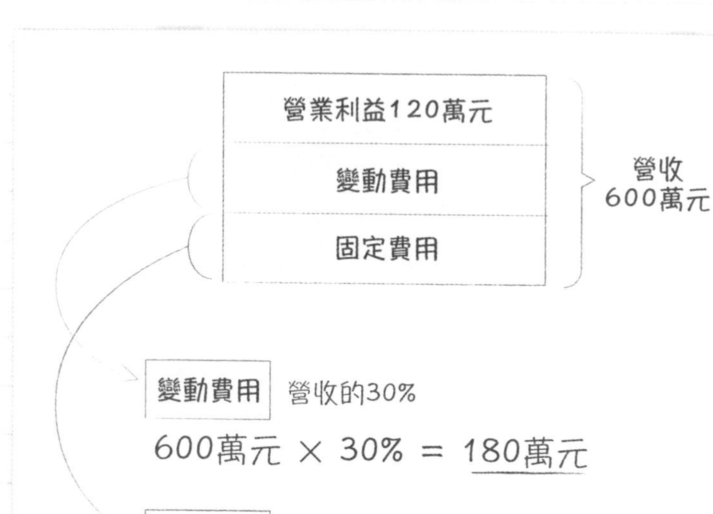

固定費用

600萬元 − 180萬元 − 120萬元 = 300萬元

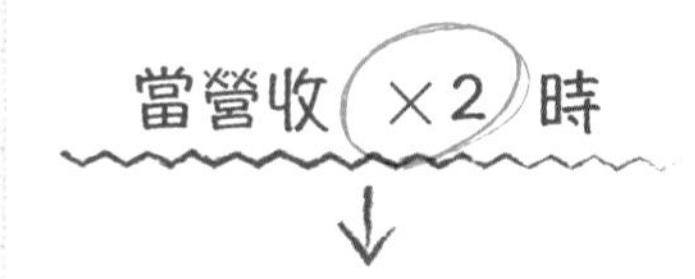

1200萬元 − (1200萬元×30%) − 300萬元 = 540萬元

營收　變動費用　固定費用

營收600萬元時 ⟶ 營業利益120萬元

營收1200萬元時 ⟶ 營業利益540萬元

4.5倍！

在前述小吃店的例子上，如果現有店面的營業額變成兩倍，利潤就會增加到4.5倍。

從這裡就能看出提高營收對營業利益的影響有多深刻了。

賺錢的關鍵：「損益平衡點」

大致把握損益平衡點的內容

明白固定費用與變動費用的差異後，就來想想損益平衡點吧。我們將營業成本歸在變動費用，營業費用則分屬固定費用，這一點前一節已解釋過。

營業成本列入變動費用沒什麼問題，可是對於將營業費用歸在固定費用中的做法，或許會有些意見分歧。

只不過，從真實情況來看成本或經營狀況比嚴密計算更重要，所以基於這個立場，我們便如此分類。

損益平衡點，意指「有多少營收才能達到收支平衡？」的分界線。換句話說，**營收位於損益平衡點之下便是虧損，該店無法存續**。

損益平衡點一般可用下列方式計算：

損益平衡點＝固定費用÷（1－變動費用÷營收）

但這個算式很難懂，所以建議採用更簡化的算式來理解。

計算損益平衡點的時候，用下面的算式就足夠：

簡化版損益平衡點
＝固定費用（營業費用的總和）÷毛利率

是不是變得超簡單了呢？我覺得只要有這種單純的算式，那麼不管是誰、無論何時都算得出結果。

舉例來說，若營業費用的總和為300萬元，毛利率是70%，那等於：

300萬÷70%＝約429萬元

如前所述，營業費用的項目多半擁有明顯的固定費用性質。

換句話說，就是**可以將營業費用的總和當作固定費用計算**的意思。另外，因為毛利率的相反就是成本率，所以當成本率為40%時，毛利率就是60%。

就算把超級難懂的損益平衡點算式改成這麼簡單的算式，也能算出雖不中亦不遠矣的數值。

它當然不是一項完美的數據。但**所謂的損益平衡營業額，也不過是為了制定開店決策的一項工具而已**，所以也沒必要精算出那麼確切的數字。

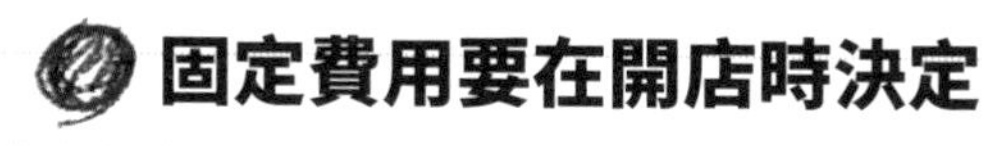

固定費用要在開店時決定

不管你想要損益平衡營業額的金額大一點，還是小一點就好，基本上都能透過固定費用來決定。因為只要固定費用變多，就得要有足以支付這些費用的毛利才行。

那麼，這項固定費用該在何時決定呢？其實，在你的店準備開幕時，就幾乎都已經定下來了。

例如，固定費的代表項目中，有一項是店面租金。

店租是在跟房東締結租賃契約的那一刻就會定案的；折舊費用也會在店面投資金確定時，經由跟建商的估價協商而變得更為明確。

還有，要僱用幾位正職員工同樣是在決定開店的當下就定好了。幾乎都算固定費用的水電費和兼職人事費也一樣，在店面大小確定時就約略明白會有多少支出。

從這一層意義上來看，**固定費用差不多都在準備開店時就決定好了**。

預先確保兼職人員的排班時間

一旦確定開店，之後便應該集中精神在衝高營收，超越損益平衡點上了。

必須控制的經費是身為變動費用的營業成本，以及兼職人事費（雖然基本上是固定費用，但也必須因應營收進行增減）。

兼職人事費的管控如果做得太苛刻，離職率就會提升，因此執行時必須多加留意。畢竟現在是一個人才極度難得的時代，所以讓我們保證兼職人員有一定程度以上的排班（即工時），降低他們的流動率吧。

若過分意識到要將兼職人事費變成變動費用，很有可能會留不住人才，結果聘用成本暴增，反倒吃了虧。

順便一提，有一項數值叫做損益平衡點比率，算式如下：

損益平衡點比率＝損益平衡點÷營收×100（%）

舉個例，如果損益平衡點是月營收250萬元，而現在的營收是400萬元的話：

250萬÷400萬×100（%）＝62.5%

損益平衡點比率愈小，獲利能力就愈高，而且也會有能力去承受營收的縮水。

這種情況意味著，就算營收減少37.5%，店家也不會因此由盈轉虧，可說是一間模範好店。

請各位計算自家店面現在的損益平衡點，並確認一下它的損益平衡點比率吧。假如比率為80%以下的話，就足以稱為一家好店了。

財務會計與管理會計的差別

兩種會計

會計中有財務會計跟管理會計兩種。可能大家不太熟悉這個詞，所以我先解釋一下這兩種會計概念的內容。

財務會計是公司製作資產負債表和損益表等各種財務報表，以向外部人員或組織公布報表內容而做的會計作業。

資產負債表顯示決算時公司的財務狀況，損益表則表示公司的年度決算成績；**做好這些資料，公布給外部相關人士查閱，這就是財務會計的本質**。財務會計是為了對外報告而存在，所以會遵循會計準則或稅務等規定來製成。

這裡所說的外部相關人士，是指股東、債權人、客戶、國稅局等對象，這些跟公司有利害關係的人稱為利害關係人。

在規模小的公司，通常對銀行或國稅局的報告就是全部了；不過，無論多小的公司都會有各式各樣的利害關係人存在。

公司為誰而存在？

好像有些偏題了，但我是因為覺得這件事非常重要才寫這一節的。2006年左右，一名代表村上資金，被稱為「會說話的股東」的投資家高聲呼籲「公司是股東的！」之後，以此為契機，「公司到底屬於誰？」的議題曾經流行了一段時間。

公司周遭其實有著各式各樣的利害關係人，股東、債權人、往來戶、顧客、員工、國稅局等，公司因上述所有人而得以存在。換言之，**公司不是股東的，也不是員工、董事長的，而是屬於全體利害關係人**，我想這大概才是最接近真實的看法吧。

所謂的企業主身負平衡所有利害關係人得失的責任。如果股東主張自己的利益而使商品漲價，便會損害顧客的利益。確保部分提供給股東的股利資本，或許就有可能苛待了員工的薪資。

相反地，若都只有回饋顧客，那麼員工的薪水和股東的紅利被壓迫在較低水準的可能性就會提高。

綜上所述，假使重視一方立場，另一方的立場就會受到輕視，公司是憑藉這種非常微妙的平衡而存在。熟練地取得這些利害關係人的利害平衡，正是企業主與生俱來的職責。

財務會計回顧過去，管理會計展望未來

話題回到管理會計上。

財務會計是面向公司外部人士的會計資料，相對地，**管理會計則是公司內部活用的會計**。若是店鋪的管理會計，那它的目的是幫助店長做決策。假如是公司整體的管理會計，便是為了讓老闆或管理幹部下決定而製作。

它的性質和面向外部的財務會計有一百八十度的差異，**畢竟終究只是對內的產物，所以不須遵守會計準則，只要可以讓管理層容易判斷就好**。

另外，**與將過去動態數值化的財務會計比起來，管理會計始終是為未來而存在的會計資料**，這一點須多加注意。

經營計畫算是它的一種典型項目，不過短期的損益預測和中長期的營收利潤計畫等才是管理會計的思考方式。

還有預算管理、勞動分配率、勞動生產力、平假日營收分析、季節指數、固定費用、變動費用、損益平衡營業額等，全都是管理會計的範疇。

■對外的財務會計，對內的管理會計

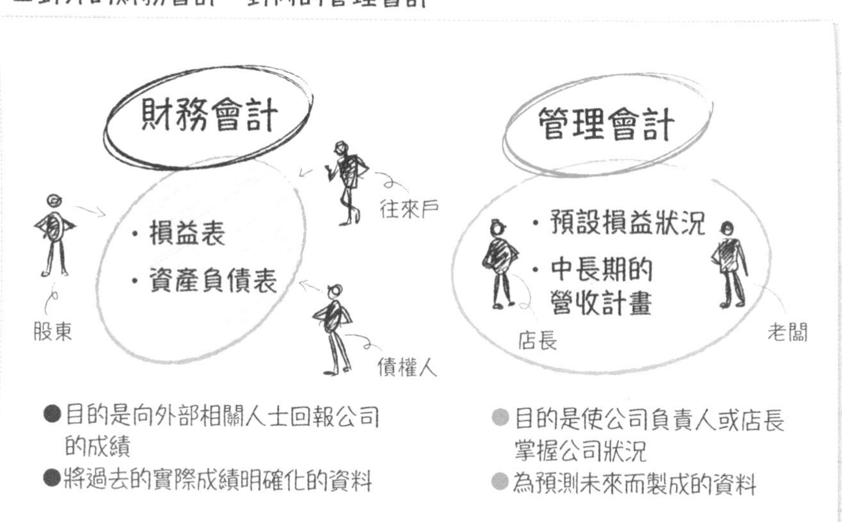

以會計塑造強大企業

可靈活善用管理會計的日本經營手法中，最有名的是京瓷企業（KYOCERA）的阿米巴經營法。

曾任京瓷董事長的稻盛和夫建立了一套會計系統，這套系統透過一種使員工擁有自僱者意識的管理手法，將事業細分成微小的單位（即「阿米巴變形蟲」），讓每個阿米巴都能正確掌握經營內容。

藉由令每個阿米巴都能即時把握經營狀態，成功促使領導層擁有經營意識，藉此建構出一套模式，促使他們主動提升自己作為一名經營者的技能。

這麼一來，**只要構築出一系列獨立性強的管理會計規則，它就會自己在管理上產生差異化，創造出強大的競爭力**。不單只是數字的統計而已，隨著以經營數據為指標並運用的過程，人的意識形態也會有所改變，從中誕生大量的經營人才……稻盛先生的經營手腕實在令人瞠目結舌。

換句話說，會計將成為創造強大企業的原動力。

分攤計算經費的「折舊費」

切分固定資產來計算經費

折舊費是在店家的損益表裡面也一定會出現的數字。我剛學習會計的時候，也曾遇過自己完全搞不懂而困擾不已的事物，那就是折舊費的概念。

在與經營店面相關的對話中，也常常用「折舊完了」、「還處於折舊中」的感覺使用這個詞。

那麼，現在來簡單說明一下折舊費。

舉個例子，假設在準備開店時，建築費跟設備的投資花了1000萬元。事實上，不管是零售業、還是小吃店或美容業之類的服務業，一旦要開一家店，付出這種程度的設備投資費是很常見的事。

這時候，投資出去的1000萬元不能一併計算在開店那年的經費裡。如果這麼做的話，該年度將成為鉅額虧損的一年。

只要合併計算到成本中，該年的利潤就會因開店而大幅縮減，所以國稅局或許打從一開始就不會認可這種做法。

因此，**針對該如何將初期投資的1000萬元算進經費中而制定的規則，就是折舊**。

大致上來說，所謂的商店只要有利可圖就能永續經營，並非只用一年就扔的東西。對於歷經多年仍在使用的固定資產（店面建築或設備），應**計算這項資產可使用的年限，並將經費分攤到這段期間中**。

順便一提，也有很多資產無法以折舊的名目列入經費裡，其代表項目是土地。因為即使買下土地也無法折舊，所以買土地的錢必須用稅後淨利來償付才行。

還有，繪畫或雕刻這種藝術品也無法折舊。另一方面，在一些小地方上，像是牽電話線之類的費用就能算成折舊費。專利權、商譽、軟體研發費等也能列入折舊範疇。

■折舊示意圖

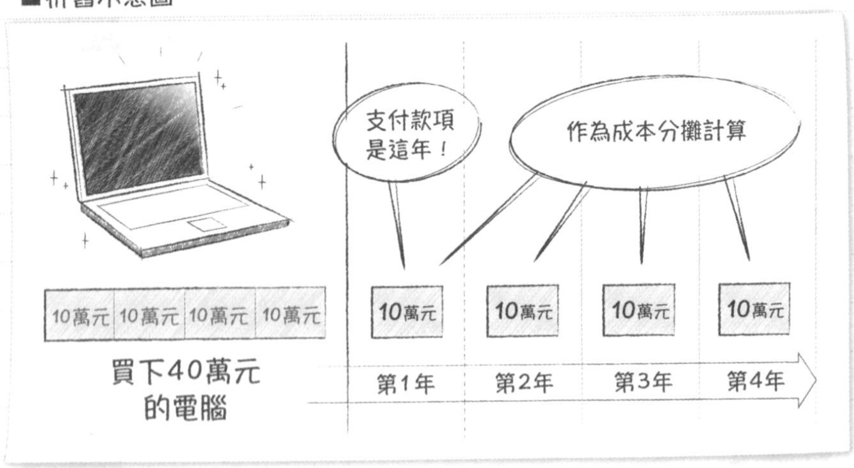

折舊年限和規則

在折舊上，究竟該將費用分攤到多長的時間是一大重點。

資產具有法定耐用年數（預估可被使用的時間）。稅務上會根據每種資產的種類來設置它的基準。雖跟實際的使用年限有些差異，但畢竟要以法定耐用年數為準來制定折舊，所以**事實上，法定耐用年數就成為了日本國內的折舊標準**。

基本上，法定耐用年數的預估會比實際可使用年限還長很多，這顯示出稅務的嚴苛之處。

順便一提，商譽之類的要用五年來償還。在我買下婚友社事業的當下，它的商譽折舊期限也是五年。

另外，折舊的方式有分定額法跟定率法兩種。

所謂定額法正如其名，是**根據固定資產的耐用年限計算同樣額度的折舊費的方法**。定率法則是**在固定資產的耐用年限中，以一定的比例乘以折舊費來計算的方式**。

以我的經驗來說，店鋪的折舊通常採用定率法。定率法的好處在於折舊額度會逐年遞減。

比起來，為了使第一年足以負擔最重的折舊額，所以會大量劃出該部分要用的經費。雖說店面業務會依個案而定，不過第一年營收最高的情況很多，所以我認為用定率法應該會更順手。

綜上所述，**遵照名為定率法的算式，將店面的建築或設備等初期投資以法定耐用年數的年限計算出的金額，就叫做折舊費**。

■定額法與定率法的示意圖

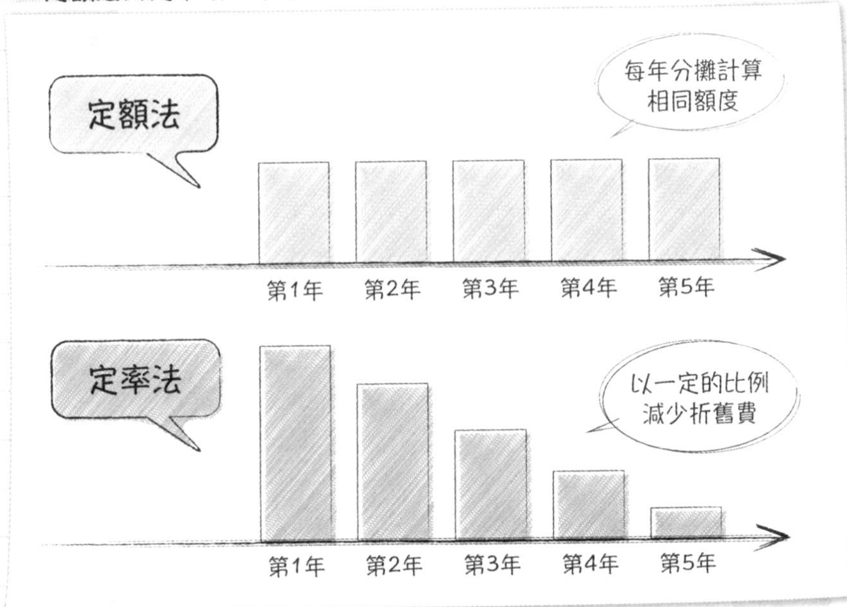

1-8 賺不賺錢，看投資報酬率就知道

賺錢的店＝「ROI」高

ROI是「Return On Investment」的簡稱，也是一項叫做投資報酬率的數值。我覺得**這項名為ROI的數據正是代表「賺錢」這個詞的指標**。

唯有「賺錢」這個詞，會隨著經營者或店長的不同而有不同的用法。

有些人指的是利潤額（營業利益），有些人指的是相對營收的利潤率多寡（營業利益率），還有些人是指毛利率的多寡……大概是這種情況。

如果不詳加解釋的話，也搞不清楚他們在講「那間店很賺」或「那種產業很賺」時，到底是以哪個數字為基準。

詞彙定義不同的人，他們的討論和對話也不太可能有交集。就像我們前面提到的，在商場上，給詞彙一個定義是非常重要的事。將數據當成共同語言來表現尤其重要。

接下來，讓我們一起思考關於賺錢這個詞的數值根據吧。

譬如說，假設這裡有兩家每年可以產生1000萬元營業利益的店。就稱他們為A店跟B店吧。

這個時候，因為兩間店每年都能生出1000萬元的營業利益，所以我們不知道到底哪一家才是較為賺錢的店。

於是，我們試著比較他們的營業利益率。

就算都是1000萬元的年利潤，營業利益率也會有差異。假設A店營業利益率15%，B店是20%。在這種情況下會如何呢？

■利潤額與利潤率

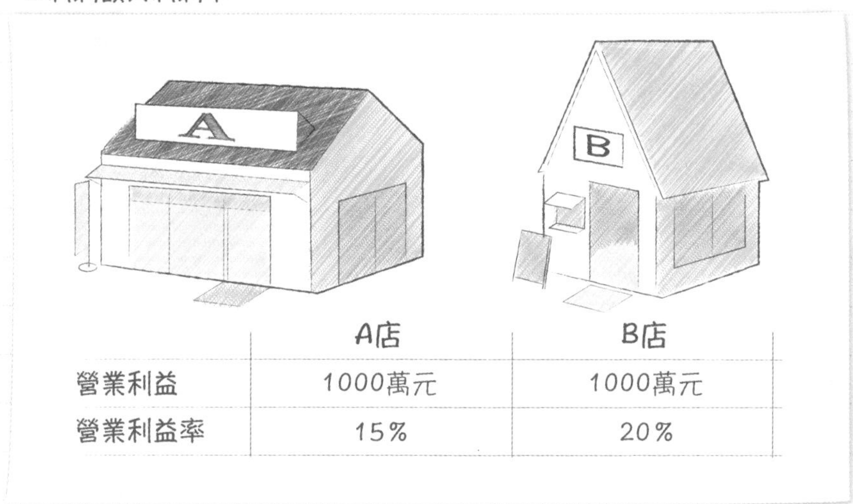

	A店	B店
營業利益	1000萬元	1000萬元
營業利益率	15%	20%

這樣看起來，雖然B店的效率好像比較高，但畢竟利益的額度相同，所以還是不知道哪家比較賺錢。

那麼，假使開A店要花1000萬元，開B店則是花2000萬元的話，會怎麼樣呢？

■初期投資額度上的比較

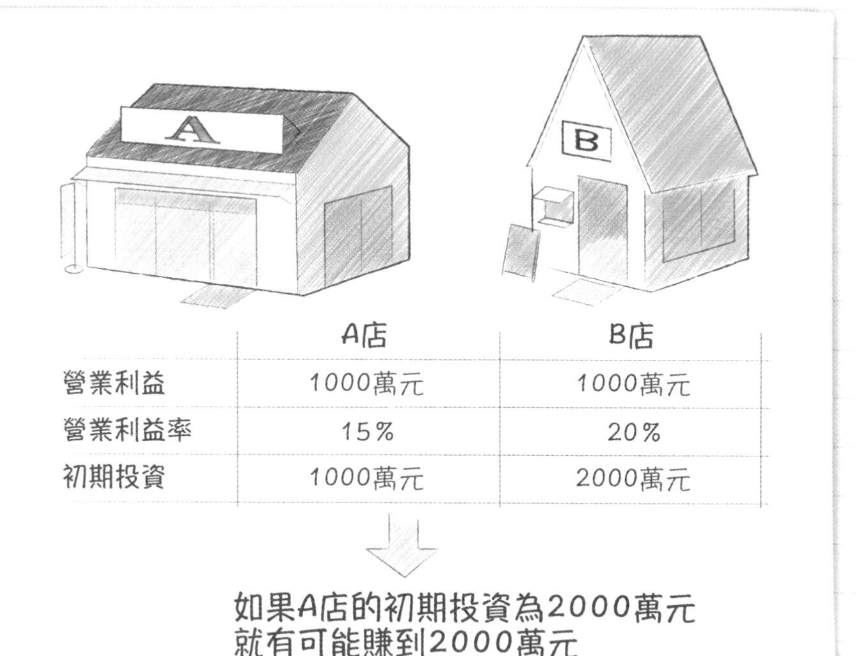

	A店	B店
營業利益	1000萬元	1000萬元
營業利益率	15%	20%
初期投資	1000萬元	2000萬元

這麼一來，就可以說A店賺的利潤遠超B店。更進一步說的話——A店賺的錢是B店的兩倍。

會這麼說，是因為**A店的負責人如果有2000萬元，就有可能獲得兩倍，也就是2000萬的營業利益**。

若同樣賺到每年1000萬元的營業利益，那比起花2000萬元去投資店面，還不如用1000萬元解決更為划算，我想正在讀這本書的各位應該也是這麼認為的吧。

這就是我提出投資報酬率（ROI）是代表「賺錢」一詞的指標的理由。

以同樣的指標來比較獲利

那麼，該怎麼計算投資報酬率呢？

首先，要用下列公式計算可看出投資效率的資產周轉率：

資產周轉率＝年營收÷投資額

舉例來說，有一家店年營收6000萬元，營業利益1200萬元，初期投資2000萬元，那麼其資產周轉率即為：

6000萬÷2000萬＝3次

接著計算營業利益率，算式為：

營業利益率＝營業利益（金額）÷營收×100（%）

同樣在這條算式帶入數值，得出：

1200萬÷6000萬×100（%）＝20%

然後用下列公式計算投資報酬率：

投資報酬率（ROI）＝營業利益率×資產周轉率

或是：

投資報酬率（ROI）

＝營業利益（金額）÷投資額×100（%）

將上述店面的預設數字帶入這條公式後，便能算出：

20%×3次＝60%

或是：

1200萬÷2000萬×100（%）＝60%

真要說起來，我比較推薦用營業利益除以投資額的第二條算式，畢竟計算起來更簡單快速。

儘管我們在這裡用了營業利益這項數據，但其實計算投資報酬率時的利潤額，**不管是營業利益也好、稅前淨利也罷，就算是用本期淨利跟稅後淨利來算都無所謂**。只不過，因為這是對店鋪的投資，所以用營業利益最為適當。

投資報酬率是管理會計的數據，因此沒有什麼嚴格的規定。

比起用哪種利潤來算，更重要的是，在計算投資報酬率時必須一直採用同一種利潤。

培養投資判斷力

現在，要是你已經明白投資報酬率是最重要的東西，那麼今後**每逢出手投資時，都要在思考過投資報酬率後再下判斷**。

不管投入多高昂的金額，只要從中獲得的利潤也很高，就應該積極地投資；小額投資也一樣，只要不能從中獲利，那就不應該投入資金。

一旦學會以投資報酬率來判斷後，就能培養出自己的判斷力，特別是關於廣告投資的判定。反過來說，在反覆操作廣告投資的過程中，也可以培育出投資的判斷力。這一點我們後面再詳加解釋。

如上所述，既然賺錢數字的依據是投資報酬率，那麼各位在經營商店的時候，只要同時追求將店鋪獲得的營業利益最大化，以及將投資支出最小化兩者就行了。

當然，畢竟在擁有店面的當下就確定投資額有多少了，因此，可以打造出一家賺錢店面的經營手段，就是會讓營業利益增加的活動。

第2章

如何看懂並運用數字

可控制的是成本和兼職人事費

確保利潤的重點在於變動費用

在經營店鋪上最重要的事情，在於按照預算確保營業利益。因此必須根據預算確保營業收入，而且好好控制成本與兼職人事費這兩筆變動費用。

確保營收的辦法將於下一章解說，所以本章中，我會著重描寫那些應當受到嚴格管控的費用。

還有，在第1章的固定費用與變動費用、損益平衡點的說明上，將兼職人事費分類在固定費用中。這是基於以下觀點判斷：即使是從預測營收裡扣除必要的兼職人事費，將人事費減到最少來控制經費，也會有一定的人事費是以固定費用的方式支出。

在本章中，將解釋如何高明地管理兼職人事費裡那些變動費用的部分。

可透過努力來減低的經費很少

首先，我在開頭想說的是，店家可管控的經費是非常有限的。這也是因為店家的資金幾乎都是固定費用，以及具有類似固定費用性質的東西。店租、正職員工的薪水、保險費、折舊費這

■可控制的經費、無法控制的經費

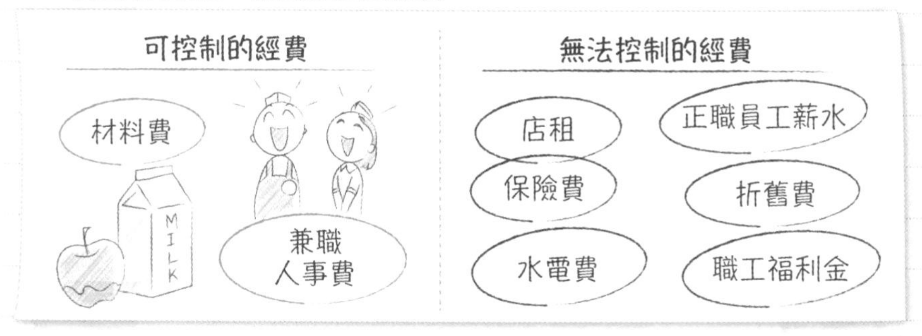

些固定費用自不用說，水電費或職工福利金之流也是以固定費用的方式呈現。

也就是說，**在店面營運上可透過努力來控制的，只剩下營業成本跟兼職人事費而已**。

盡可能節省水電費是很重要的。不過這麼做與其說是為了降低成本，更不如說，是為了必須讓正職或兼職員工高度意識到這件事。

營收唏哩嘩啦往下掉的店，或是每個月的實際花費超過預算的店很多都很粗枝大葉，譬如在營業時間外也一直開著電器或電燈不關什麼的。

要改正他們這種毫無緊張感的工作態度，使他們養成節約用電的習慣很重要。然而實際上，節約可省下來的成本實在不多。

一切都在開店時決定

有人會將營業利益過少或營業利益率過低的責任算在分店的頭上，但這是一個巨大的錯誤。

為什麼我會這麼說呢？因為店租、折舊費、正職員工薪水等固定費用在分店設點時就確定了。水電費也是依店面大小和營業時間長短而定，所以基本上在開店當下就已定案。

甚至營收也受到店鋪概念和地段很大的影響，因此完全不可能依店鋪的營運狀況來決定。

換言之，**營業利益的數額受店長或老闆開店前的決策很大的影響**。

如果是跟前幾年對比後發現營收不斷下滑的話，大部分都是因為店面經營狀況有問題的關係。但是，倘若剛開店時的營收就跟目標營業額有很大的差距時，就不是店鋪管理問題，反而開店地段或理念出了差錯的可能性還比較高。

因此，**管控營收、營業成本及兼職人事費，確實達到預設的營業利益額度**，就成為了經營店面的目的。

損失控管與理想的成本率

在零售或餐飲店上最大筆的費用是營業成本。零售商的話，營業成本約占營收的70%；若為餐飲店，則占大概30%上下。

管控營業成本的重點是消除損失。

無論零售業或餐飲業，都有一個理論上的成本率，但實際的成本率多半比理論上的還高。

零售商出現損失的原因在於降價促銷，餐飲店則是廢品損失與餐點分量過多（提供比規定的分量還多的餐點）的問題。

換言之，消除這些因素就能抑制損失的發生，不過這也關係到店家是否能夠適量採購。

材料和勞力都要適當

庫存過多是讓成本率居高不下的主要原因之一。

以前曾接到「因自己經營的餐飲店成本率太高而感到困擾」的諮詢委託，於是我便前往對方的店面去確認狀況。然後發現，對方寬敞的倉庫裡，堆滿了像山一樣多的調味料。

好像是因為大量購買可以拿到很便宜的價格才會這樣，不過我的建議是關閉倉庫，減少庫存到極限為止。對方照做之後，瞬間成功消減了5%的成本率。

以我的經驗來說，**只要減少庫存，成本率就會降低。因為在店裡，「多餘」是經營上的劇毒**。當原料和人力都能控制在不多餘的狀態下，店才會更有活力，數據也會變得更好，請各位好好記住這一點。

掌握達成預算關鍵的工時營收

控管兼職人事費上的重要指標，是名為工時營收的數字。此數據是指每一小時的工作可以創造出多少營收，計算方式如下：

工時營收＝營收÷總工時

營收600萬元時，若總工時為1200小時，則為：

600萬÷1200小時＝5000元

計算時，將正職員工的工時固定在總工時裡會比較方便。

無法管控兼職人事費的理由有兩個，一是無法按照預算來排輪班表，二是營收預測並不正確。因此，別忽略事先的預算確認很重要。

適當地管控工時營收吧。這項數值太高會帶給客人困擾，太低則是會增加人事費用。

順道一提，以日本的狀況來說，適當的工時營收目標，零售業是7000元以上、餐飲業4000～6000元、服務業則是5000～7000元。在營收預測出現大幅偏差和人員過剩時，別去裁掉兼職人員，而是該努力提高他們的生產力。

像是增加平均購買數，或是推銷客戶購買高單價商品等等，重點是，就算只有一點點也要拉近與預設工時營收的距離。

試著制定營收預測

以星期為單位預測營收

在店面經營上預測營收的方法五花八門。只不過，若考慮到精準度與時間精力的平衡，那我建議採用這個方式：**一邊考量與去年同期數字的比較或最新實際成績，一邊以星期為單位來預測營收**。

這種方式會將去年實際月營收乘以最新的年度比較平均值，藉此得以大概預估未來的營收。

不過由於店面的生意容易依星期幾的不同而產生巨大的營收差，所以有時也會因星期數的序列差異而出現偏離實際績效的營收預測。

正因如此，我才推薦各位使用依星期別來細分的預測方式。

接下來，我們會以一則2014年10月的營收預測案例（假定為一家空間40坪，座席共50席的居酒屋）進行解說。

首先，先計算這家居酒屋最近三個月的月營收與去年同期月營收的比率：

年度對比率＝今年月營收÷去年同期月營收×100（%）

如此一來，只要加總最近三個月的營收，就能算出這間店的「營收趨勢」。

■最近三個月的營收

	2013年	2014年	年度對比率
7月	500萬元	510萬元	102%
8月	480萬元	485萬元	101%
9月	600萬元	620萬元	103%
期間總計	1580萬元	1615萬元	102.2%

然後，把去年10月星期別營收的平均值，乘以最近三個月年度對比率的平均值102.2%，便能計算出以星期做區隔的營收預測。

■以星期做區隔的營收預測

	去年年平均	最近三個月的年度對比率	營收預測
星期一	120,000元	102.2%	122,640元
星期二	120,000元	102.2%	122,640元
星期三	140,000元	102.2%	143,080元
星期四	120,000元	102.2%	122,640元
星期五	220,000元	102.2%	224,840元
星期六	250,000元	102.2%	255,500元
星期日・假日	180,000元	102.2%	183,960元

最後，計算星期別的營收預測總和。

制定預算的月分（這裡是2014年10月）中每種星期的天數（出現天數），再乘以前面算出來的星期別營收預測。

這些數值相乘後的總和就是2014年10月的預估營收。

■星期別預估營收

	營收預測	出現天數	各星期小計
星期一	122,640元	3	367,920元
星期二	122,640元	4	490,560元
星期三	143,080元	5	715,400元
星期四	122,640元	5	613,200元
星期五	224,840元	5	1,124,200元
星期六	255,500元	4	1,022,000元
星期日・假日	183,960元	5	919,800元
合計		31	5,253,080元

※2014年10月的四個星期一中，有一個是國定假日，所以調整出現天數如上。

這裡總計2014年10月的預估營收是525萬3080元。

只要將去年的年度實績與最新的營收預測相乘，估算出來的營收就能具備某種程度的正確性。

損益表要這樣讀

從宏觀到微觀

在解讀店家損益表時須意識到的是，要盡可能將視角從大往小移轉。

不只損益表，在思考有關商業的問題時，基本上都要將思考的主軸從宏觀推向微觀。

舉例來說，考量新事業時，會從「該進入哪塊市場」這種大框架開始討論。接著才是細分市場、構思差異化策略、找到最適合的開店地段、搞清楚理想的人才形象、進行數據的模擬，透過這些方法，由規模大的地方往小的地方一一建構起來。

■新事業的構思步驟

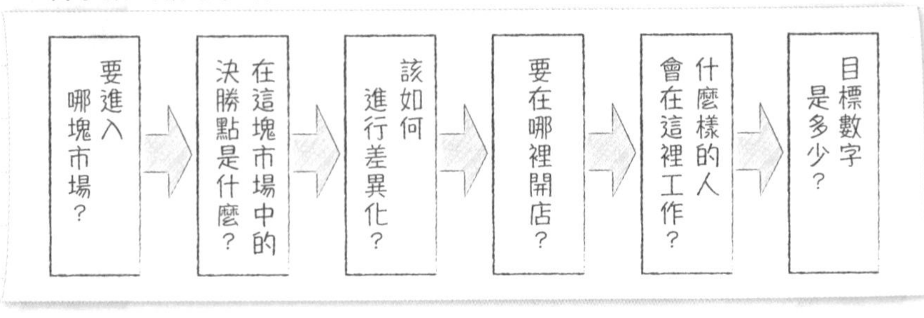

把握店面狀況與趨勢

接著實際來解讀損益表吧。希望各位一開始要意識到這件事：**應該大略掌握店鋪的營運狀況**。

- 現在店裡的狀態是好是壞？
- 是從好的方向逐漸在惡化，還是正從壞的走向往好的方向發展？

重點是，在以營業成本和兼職人事費為中心把握詳細經費成本前，**須掌握上述兩點大方向**。

解讀損益表的五個步驟

那麼，現在就以店鋪的狀況和趨勢為根基來詳閱損益表。

只要透過下一頁開始的五個步驟來看那些項目，就能正確把握店面狀況。

STEP① 營收的絕對值、預算比對、去年同月數值比較

「營業收入」是損益表上所有數字中最重要的一項。藉由跟預測營收和去年營收的比較，便可了解營業收入的趨勢是走高或走低。

STEP② 營業利益的預算達成度

看完營收，接著看「營業利益」。營業利益是損益表存在的目的，所以要先確認身為總結的營業利益與其預算的比較。

在生意場上，從結論開始談起很重要；在解讀數據時，也同樣要從總結開始看起。

STEP③ 成本率是否有在控制之下

檢查完營業利益的達成狀況後，就確認「成本率」這項最大筆的開銷是否符合原本的預算規劃。

大幅超出預算是一大問題，但低於預算也會出問題。

STEP④ 人事費是否有在控制之下

接著請查閱第二大的成本支出，也就是「人事費用」。只要知道總工時為何，就能連同「工時營收」一起確認，看看它是否過高或過低。

STEP⑤ 營業費用是否有在控制之下

檢視是否確實管控好廣告宣傳費、耗材費、水電費、交通費、清潔費等「營業費用」。

■損益表樣本

損益表	
項目	金額
營業收入	
扣除額	
純營收	
期初存貨	
本期進貨	
期末存貨	
營業成本	
毛利率	
正職員工薪資	
兼職員工薪資	
職工福利金	
人事費	
徵才廣告費	
廣告宣傳費	
備品耗材費	
水電費	
電信費	
土地房屋租金	
手續費	
保險費	
修繕費	
各項稅務支出	
什項費用	
其他營業費用	
營業利益	

以「比率」及「額度」了解現況

應當核對的地方是預算與實際成績的差距。

假如營收超過預算，就要注意各經費項目的「比率」；若是營收大幅低於預算，便應注意各經費項目的「額度」。

這是因為，如果營收超出預算，那麼理所當然地，經費額度也會被影響而超越預算。然而，營收並不是無限提高就好，其額度也必須收在預算的「比率」範圍內才行。

■營收與經費

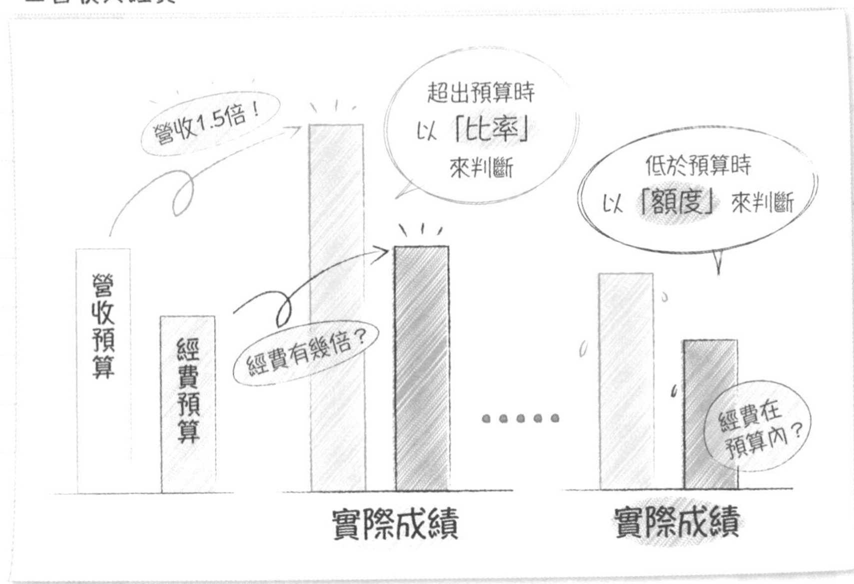

相反地，假使營收低於預算，那成本率當然就超出預算；但只要可以控制支出，經費的額度便有可能低於預算。

從本月與累計費用的兩個方向確認各項預算與實際成績的差異，透過這個步驟正確掌握各店的實際狀況。

只要像這樣將損益表融會貫通，就能一點一滴從損益表中養成掌握店面真實狀況的能力。

下定決心正視數字

把握店鋪狀況全貌（是往好的方向、還是往壞的方向發展？）的寬廣視野，以及甚至以一元為單位來仔細確認是否嚴守各項經費預算的入微細心。讓自己內心同時保有這種大小雙向的視角是很重要的。

還有一件必須注意的狀況是現金短溢，請確保每個月的現金短溢必定為0元。

每個月都會出現現金短溢的店家，證明其管理過於鬆散。換言之，就算說他們明明身為經營者卻態度馬虎也不為過。

抱持著這種意識，並建立正視現金短溢的習慣吧。現金短溢會成為不正行為的溫床，一定要讓每個月的現金短溢都為零。

藉著盤點，塑造自己的數字直覺

試著每天接觸數字

接下來將詳細敘述有關「盤點」的內容，這是一件以計算庫存量為目的的工作。

所謂的盤點，是為了計算店內擁有的進貨商品、原料庫存總額而實施的工作。**在店家或整個公司執行「以數字做決策」文化的普及上，其實占有非常重要的角色。**

依公司的不同，盤點的實施頻率也會有所差異。有每天結束營業後執行的公司、月底結束營業後執行的公司、也有在期末結算後進行的公司。

其中占最多的，應該還是為了月度決算而在每月月底營業結束後實施盤點的情況。

只靠進貨率會出現誤差

在不計算庫存下，以進貨金額除以營收所得出的數字，相對於成本率而稱為「進貨率」。

因為後面會提到的當日結算是月底以前的經營導航，所以雖然這裡採用進貨率就夠了，不須用到成本率，但**在當月結算時就非得以成本率來計算不可**。

比如說，假設這裡有A店與B店兩家店，他們的營收與進貨金額相同，庫存總額卻不太一樣。

A店某年12月的營收是500萬元，本期進貨金額為150萬元。12月期初存貨是20萬元，期末存貨則是因進貨業者正月放假的關係，連同年初營業用的進貨量合併計算為30萬元。

B店與A店相同，12月營收500萬元，本期進貨金額150萬元；12月的期初存貨也跟A店一樣是20萬元，不過該店因年末年初休假而縮減庫存，所以期末存貨是10萬元。

■A店與B店12月的實際成績

	12月營收	進貨金額	期初存貨	期末存貨
A店	500萬元	150萬元	20萬元	30萬元
B店	500萬元	150萬元	20萬元	10萬元

這時，A店和B店兩家的「進貨率」為：

進貨金額150萬÷營收500萬×100%＝30%

但在實施盤點後，A店的成本率是：

營業成本（150萬＋20萬－30萬）÷營收500萬×100%＝28%

而B店則是：

營業成本（150萬＋20萬－10萬）÷
營收500萬×100%＝30%

■進貨率與成本率的比較

進貨率 ＝ 進貨金額 ÷ 營收 × 100 (%)

A店　150 ÷ 500 × 100 ＝ 30 %

B店　150 ÷ 500 × 100 ＝ 30 %

成本率 ＝ 營業成本 ÷ 營收 × 100 (%)

A店　(150 ＋ 20 － 30) ÷ 500 × 100 ＝ 28 %

B店　(150 ＋ 20 － 10) ÷ 500 × 100 ＝ 32 %

差了4%！

像這樣比較過後，就明白兩者實際上會產生4%的差距。

然而，假設A店與B店都是以成本率30%為目標，那便會由於未進行盤點雙方所算出的「進貨率」都是30%，而無從察覺其中差異。

細緻的盤點作業將改變你的意識

在月損益表上不會有「進貨率」，而是盤點並算出期初及期末存貨，再從當月進貨調整「成本率」，最後再將這項「成本率」用來製作損益表。因此，必須非常仔細地進行盤點作業。

只要盤點工作馬虎行事，算出來的庫存量當然也會是個馬虎的數字。

如果店長自己隨便敷衍盤點作業，那麼他便會**下意識認為「庫存量是不可信的數字」，所以算出來的成本率也完全不會被信任**。

數字是必須以正確作為前提來經手的東西。在認知「數字有誤」的時候，就不會想去認真改善那些數字。

請務必養成仔細盤點的習慣。

正確的盤點方式

最後來談談在盤點時應注意的事項。

作為一大前提，請在月底營業結束後，計算店裡庫存中那些下個月也「能作為商品販賣的東西」的庫存金額。

也就是說，下個月無法使用的庫存，在盤點時不可計入庫存金額內。

舉例來說，當天必須丟棄的東西不是庫存，而是損失。

反之，在餐飲店中那些用調味料之類的東西與食材調製好的材料，則必須連同裡頭的原料一起精細地計入庫存之中。

常用的計算方式是將進貨額度做成Excel的一覽表，再輸入庫存量來算出總數。

這時就算已開封的庫存也要縝密地記成「0.5個」，這一點很重要。

■盤點表範例

盤點表

進貨物品	規格	進貨金額	庫存	庫存金額
生啤酒桶	20L	$10,000	2	$20,000
米	10kg	$3,000	1.5	$4,500
⋮				
進貨物品小計				$250,000

進貨物品	規格	進貨金額	庫存	庫存金額
燉豬肉	1kg	$1,500	2.5	$3,750
可樂餅	1個	$50	50	$1,000
⋮				
進貨物品小計				$50,000

進貨物品小計	$250,000
進貨物品小計	$50,000
總計	**$300,000**

2-5 活用數據的「單日決算」

藉由單日決算管理變動費用

如前所述，在店面營運時可管控的數字是身為變動費用的營業成本和兼職人事費。

想要確實執行這些變動費用的管理，最有效的辦法便是單日決算。

單日決算意指每天製作當日損益表，如此一來便能即時掌握經營狀況。一般的損益表則是以月為單位製作。

還有，我們將每月製成的損益表稱為試算表。企業主和店長都會邊看這張試算表，邊檢視上個月的預算與實際績效。不過這種試算表擁有一個致命的缺點。

那就是——試算表送到手上的時機。即使是具備某種程度管理機制的公司，其完成試算表的時機點大概也是要到下個月中旬左右。

即使是那些力求及早製成試算表的公司，也不確定到底能否趕上在下個月五日完成，因此大部分的公司都是在每月十五日做好試算表。

所謂的費用，是隨著日積月累的活動而產生的結果。因此就算可以在下個月十五日把握現在的狀態，那也實在太晚了。**對於本月花費是否符合預算這點，既無法、也不可能透過現在這個時間點的結果得知。**

比如說，假設你店裡三月的成本率比預算差了5%。

若有明確的原因的話還沒什麼關係，但是如果是不明原因的惡化，那「四月可以改進嗎？」、「目前的數字有因制定實施改善策略而成長嗎？」……這些問題都無法即時了解。

想要知道四月的成果，還不得不等到下個月的5月15日才能揭曉。假如四月的結果不如預期，那五月的數據很有可能也一樣難看。

像這樣，**每月試算表雖可正確顯示過去的成績，卻沒有改變未來數據的能力**。

店長也因為在不曉得自己的應對策略是否有效的狀態下繼續實行每日業務，所以很難對自己的行動抱持自信或責任感。

每天輸入營收、營業成本、兼職人事費數目，並以一日為單位製作損益表，好避免上述狀況的發生，這就是單日決算的思考方式。

即時掌握數據

只要能每天製作損益表，**就能時刻把握自家商店的即時營運數值**。

不需為了實施單日決算而每天盤點。前面我們將未依庫存調整的成本率稱為「進貨率」，僅需以這項進貨率替代成本率使用即可。

如果為了每天盤點庫存多請員工，只會增加人事費用並減少利潤而已。

店面營運若未實施單日決算，就跟飛行員開飛機卻不看儀表沒兩樣。沒有即時掌握飛行狀況的飛行員，你能放心交給他來駕駛嗎？

在那種狀態下通常很難順利抵達目的地，而且出現任何問題時也無法好好應對。

以店家損益來說，就等同於最終成果大幅偏離預算目標。

即便是使成本率超支的店長也並非故意為之，而是由於無法掌控即時狀況，才會每個月都出現偏差。這種案例其實比想像的還要多。

引進單日決算法，並且最大限度地提高成效的一大重點，是**每天親手填寫進貨金額與兼職人事費**。

透過每天親自輸入數字來磨練對數字的敏銳度，同時也會讓你開始以自己的想法展開行動，力促月度經費決算達到預期。

■單日決算範例

2015年1月 某店的單日決算表分頁		16 週五	17 週六	月總計
營收	*目標營收*	*130,000*	*160,000*	*4,020,000*
	實際營收	140,000	180,000	4,110,000
	營收達成率	107.7%	112.5%	102.2%
成本	食材進貨	35,000	45,000	1,027,500
	飲品進貨	7,000	9,000	205,500
總計	進貨總額	42,000	54,000	123,000
	進貨率	30.0%	30.0%	30.0%
人事費用	正職人事費	24,000	24,000	600,000
	兼職人事費	20,000	26,000	746,000
總計	人事費總額	44,000	50,000	1,346,000
	人事費用率	31.4%	27.8%	32.7%
其他經費	徵人廣告費	1,290	1,290	40,000
	廣告宣傳費	3,226	3,226	100,000
	耗材費	2,100	2,700	61,650
	水電費	9,800	12,600	287,700
	租賃費	1,613	1,613	50,000
	折舊費	3,226	3,226	100,000
	土地房屋租金	8,065	8,065	250,000
	其他營業費用	4,200	5,400	123,300
總計	經費總額	33,519	38,119	1,012,650
	經費率	23.9%	21.2%	24.6%
利潤	*目標利益*	*14,581*	*21,081*	*474,750*
	目標利益率	*11.2%*	*13.2%*	*11.8%*
	利益總額	20,481	37,881	518,350
	利益率	14.6%	21.0%	12.6%
	利益達成率	140.5%	179.7%	109.2%

（單位：元）

另外，引進單日決算不只可以鍛鍊店長的技能，也會使區經理級的技能慢慢成長。

每天檢視自己負責區域內店鋪的營收、成本、兼職人事費，藉此發現有無數據差的店，有的話就該增加實地探訪那家店的次數，而且著手推動數據調整的工作。

如此一來，不管是店長、區經理、還是公司負責人，**都可從原本基於實地經驗的直覺行動，成功改為以數字為根本的行動，同時也能逐漸形成以數字為本改善現有狀況的公司風氣**。

2-6 多店經營與總部開支

總部開支應當算在成本內嗎？

分店的損益表上，經常會有名為「總部開支」的一個項目。在損益表上記載總部開支的店意外地多。

以前我經營居酒屋時，曾有一段時期以上市為目標，當時僱用的會計師事務所教我一定要將總部開支算在店鋪損益表裡頭。

而且他們還說，要我以含括總部開支在內所算出的損益表來觀測店鋪狀況，若持續出現虧損就要趕快決定撤店。

對此我完全持反對意見。**為什麼呢？因為總部開支是固定費用的集合體。**

總部開支裡有總經理及副總等公司幹部的薪資、執行會計業務的經理人薪資、以及總公司辦公室的租金。較細的費用還包含連接分店與總部的網路系統費、電話費、或是稅務代理人和律師的聘用費，這些全都算是固定費用。

人們深信這些經費成本終究都必須由分店賺來的營業利益來承擔。而我知道，如果照著會計師事務所的指導做，將帶來很詭異的情形。

來解釋一下會發生什麼樣的狀況吧。

計入總部開支會發生什麼事？

現在假設有一家公司，總部開支每月花費120萬元。這家公司有四間正在營運的分店，我們將120萬元的總部開支均分給四家店。

平均分攤總部開支給各分店是很常見的做法。這麼一來，每間店需負擔每月30萬元的總部開支。

假定這四間店的收支如下：

■A、B、C、D店的每月收支

A店收支	總部開支 30萬元，營業利益 40萬元
B店收支	總部開支 30萬元，營業利益 20萬元
C店收支	總部開支 30萬元，營業利益 0萬元
D店收支	總部開支 30萬元，營業利益 -20萬元

現在，若照先前會計師事務所的吩咐，虧損的D店便成為了撤店對象。假如D店這間虧損分店結束營業，剩下三家店的收支變化如下：

■A、B、C店的每月收支

A店收支	總部開支 40萬元，營業利益 30萬元
B店收支	總部開支 40萬元，營業利益 10萬元
C店收支	總部開支 40萬元，營業利益 -10萬元

如同前述，總部開支是固定費用的集合體，所以D店所負擔的30萬元會均分給剩下的三家店，使每間店的每月負擔額度增加到40萬元。結果是，三家店都一一減少了10萬元的利潤。

如此一來，這次便換成C店落入虧損狀態了。按照前面會計師事務所的指示，我們也必須收掉C店才行。這麼做的話，就只剩下A跟B兩家分店了。

現在，我們來看看各店收支：

■A、B店的每月收支

A店收支	總部開支 60萬元，營業利益 10萬元
B店收支	總部開支 60萬元，營業利益 -10萬元

跟前面的狀況一樣，C店所負擔的總部開支40萬元被分攤給這兩家店面，結果讓B店也陷入了虧損狀態。於是我們再聽會計師事務所的話關掉B店。

這樣的話，A店的收支就變成總部開支120萬元，營業利益則是負50萬元。

如果再遵從會計師事務所的話撤掉這間店，公司就倒閉了。

那麼，我們也來瞧瞧沒有將總部開支算在這四間店損益表上的情況吧。

■不計算總部開支的狀況

A店收支	營業利益 70萬元
B店收支	營業利益 50萬元
C店收支	營業利益 30萬元
D店收支	營業利益 10萬元

以這個案例來看，各店呈交上來的營業利益總和為160萬元。若從中扣除120萬元的總部開支，那麼公司的利潤便是40萬元，年利潤為480萬元。

就算假設撤掉D店好了，隸屬於固定費用的總部開支也不會受到影響，只是公司的利潤變成30萬元，年利潤縮減為360萬元罷了。

綜上所述，我的想法是——**別把總部開支列入分店損益之中，這才是正確的經營決策**。

把廣告宣傳當成你的武器

廣告宣傳費要花多少才夠？

關於廣告宣傳費的思考方式，依店長或經營者的不同會有非常大的差異。

基本上，廣告宣傳費的支出當然是愈少愈好。如果店裡都是老顧客口頭介紹來的客人那是最好不過，甚至可以說，這才是商店營運的理想形態。

只不過，**若無法達到單憑口耳相傳招攬生意這種理想的發展，或是地段差到讓你在吸引顧客上陷入意想不到的苦戰，這時就必須開始打廣告**。

關於獲得新客戶的方法，我們會在之後詳細說明。因此，這裡就來仔細解釋一下有關廣告宣傳費的「思路」。

廣告宣傳費的思路之一是，有人認為廣告宣傳費得依營收比例控管，即「廣告宣傳費必須控制在營收的3%以下」的說法。

另外，也有的例子是以固定金額來管理，像是「廣告宣傳費必須管控在每個月15萬以下」的看法。

無論哪一種都是採訂定固定上限，再有限地使用廣告宣傳費的立場。

這種想法我十分理解。

然而另一方面也有人認為，**若廣告宣傳的相對投資報酬率高於自家公司的基準，那麼就該積極投放廣告**。

我決心採用後面這種看法。我們曾在第1章解說過投資報酬率（ROI）這項數字，內容是根據投資相對的利潤額來判斷是否投資。

廣告宣傳活動也應使用投資報酬率決策才是。

測試廣告成效

如前述，投資報酬率的計算方法如下：

投資報酬率＝年度營業利益÷投資額×100（%）

若年度營業利益為1200萬元，投資額2000萬元，則投資報酬率為：

1200萬÷2000萬×100（%）＝60%

相對地，廣告宣傳的投資報酬率則是這樣算：

廣宣投資報酬率

＝因廣告來店消費的客人的毛利總額（各媒體分別計算）÷廣告費×100（%）

舉個例子，假如我們登出20萬元的廣告，提升100萬元的營業額，毛利為70萬元的話，即：

70萬÷20萬×100（%）＝350%

要得出廣宣投資報酬率，必須在廣告裡附上優惠券，並且實測看到廣告後來店消費的顧客營收才行。

投資廣告回收的本金即為毛利。話說回來，不管有沒有從廣告而來的營收，人事費等固定費用都不會有所更動，因此才採用投資報酬率，以毛利為本金來表現投資回收狀況。

要計算受廣告吸引而來的客人產生的毛利非常麻煩，可以參考以下公式。

各媒體的投資報酬率
＝因廣告來店消費的客人的毛利總額（各媒體分別計算）
×毛利率÷該媒體的廣告費×100（%）

舉例來說，如果刊登20萬元的廣告後，看到廣告而來店消費的客人帶來的營收為100萬元，毛利率則是70%，那麼其投資報酬率是：

100萬×70%÷20萬×100（%）＝350%

要是覺得光計算受廣告吸引來店消費的客人所帶來的營收就很麻煩的話，也可考慮這種算法：

各媒體的投資報酬率
＝優惠券回收張數×1組客人的平均人數
×客單價×毛利率÷該媒體的廣告費×100（%）

假設登出20萬元的廣告後，回收該廣告的優惠券50張，每組客人的平均為2人，客單價2500元，毛利率70%的話，投資報酬率為：

100張×4人×2500元×70%÷20萬元×100（%）
＝350%

了解誰才是成效高的媒體

只要得出各廣告媒體的投資報酬率，就能**做成一覽表予以比較，然後應該可以看出哪些是有效的促銷媒體**。這樣的話，大概就能判斷自己是否應該繼續將廣告刊登在那家媒體上。

我認為，媒體的投資報酬率只要超過100%，便充分具備繼續刊登的價值。

即使初次成交時沒有利潤，但只要是可保證回購的產業，就能因第二次以後的消費而繼續產生利潤。如果首次交易時未曾有所損失，那繼續刊登廣告可讓利潤持續攀升。

當然，若是不太會回購的行業，就希望投資報酬率能夠達到200%左右。

請各位算出各媒體的投資報酬率，並且訂定自家公司的條件。只要滿足這些條件，那就不設預算上限持續刊登廣告，想必可讓店面的營運更快步上軌道。

在商店經營上最為浪費的是虧損期。若是拖拖拉拉地放任赤字存在，那麼就算節約使用廣告宣傳費，也比不上去做短期高調宣傳，盡快賺得利潤來的好。後者是遠超前者的賢明選擇。

顧客沒有反響就趕快懸崖勒馬

在廣告方面，希望各位牢記在心的是：**曾經刊登過卻得不到顧客反響的媒體，再繼續登載也不會獲得任何回應**。

不知道這項原則的人將成為廣告代理商的肥羊。「我們可透過不斷重複地投放廣告來慢慢增加顧客迴響」，請把這種話認作一個謊言吧。

第3章

提高營收的原理與原則

拉抬營收是最強技能

沒有營收就一無所有

我的商業哲學裡，有一條是「沒有營收就一無所有」。目前為止，我已在本書中解釋了人事費用、營業成本、固定與變動費用、損益平衡營業額、預算管理、折舊等各式各樣的數據。

然而，這些全都是有了營收才能去支付的費用。希望各位先對這件事有個明確的認知。

在做公司或店面的經營計畫時也一樣，會在計畫裡添加利潤規劃、廣告預算、人才聘僱企劃、商品研發方針、教育計畫等五花八門的項目。

能給這些跟公司營運息息相關的活動分配預算，統統都是因為有營收的關係。

打廣告也是、聘用人才也是、開發商品也是、教育人員也是，一切的一切都要花錢。而一家店唯一的金錢來源是營收。

若是財源廣進，就能為各種功能項目安排預算，組織也可以漸漸強大起來。

假使有高額的廣告預算，便能鋪展更多面向的廣告。

在僱用人才上，不只是利用一直以來的那些廣告媒體，還可以採取獵人頭公司之類的手段，召集更多的優秀人才。

在產品研發的運作上，僱用優秀的產品開發人員可以提供更好的商品。如果是零售業的話，聘用優秀的採購人員就能備齊那些好評商品。

企業會往更好的方向邁進，於是在此工作的人們充滿自信，整個組織蒸蒸日上。

要完成這樣的正面循環，就必須拉抬營收。**不管再怎樣降低成本率、削減人事費用、刪掉其他各式各樣的固定費用……只要營收減少，利潤就一定會變少。**

生意無法僅憑壓低成本來維持。更何況，純粹仰賴低成本的經營手法馬上就會遭遇極限。

當然，降低成本也是很重要的經營課題，但當所有該縮減的成本都減完了以後，就必須改變想法，開始將腦筋動到如何提高營收上。

找出自我風格的「必勝模式」

能使營收攀升的店長才是理想的店長。成本管理這種東西，只要好好教，不論是誰都能做到某種程度的水準。

但可提高營收的人實在不多，儘管營收才是在公司經營上最重要的數字。

如果能夠建構一套自己專屬的拉抬營收「必勝模式」，就可使自己的市場價值一飛沖天。畢竟大部分的人都還在為無法增加營收而煩惱不已。

營收抬高不了的原因有好幾個。

縮減成本是一種在想到的瞬間就可以實施的策略，相對地，提升營收通常都要耗費一段相應的時間。典型的像是人事費等支出，只要減少兼職人員的上班時間，馬上就能削減該部分的人事費用。

也就是說，**在一定程度上，降低成本是非常簡單、又能確實收穫成果的方法**。

然而，為提升營收所採取的作為與之不同。**要提高營收，從設計一些方案、付諸行動、到產生結果，總共至少得花三個月左右的時間**，而且還並不保證一定會有成果。

營收減少的原因很難查明，總是樹立正確對策是幾乎不可能做到的事。尤其是在便利商店這種難以建立顧客名單的零售業或餐飲業，要在營收下滑時弄清楚原因在哪更是艱難。

提升營收的工作伴隨許多困難，但反過來說，也正是因為有很多人覺得這件事很難，我們才應該認真鑽研。在這一章，希望各位能從好幾個不同的角度來思考抬高營收的方法。

試著拆解營收細項

只要詳細拆分就能找到解決對策

接下來會**拆解營收的組成要素，並逐一解釋對各要素採取相應對策的方法**。

我目前正在經營美食外送（炸豬排與丼飯）的事業。

美食外送的營收由六個要素組成，分別是「新客戶」、「轉換率」、「使用頻率」、「流失率」、「商品單價」和「平均購買數」。

基本上，營收可用顧客人數與客單價相乘算出。顧客人數是由「新客戶」及其「轉換率」、「使用頻率」、「流失率」所構成，客單價則可分解成「商品單價」乘以「平均購買數」。

■構成營收的要素

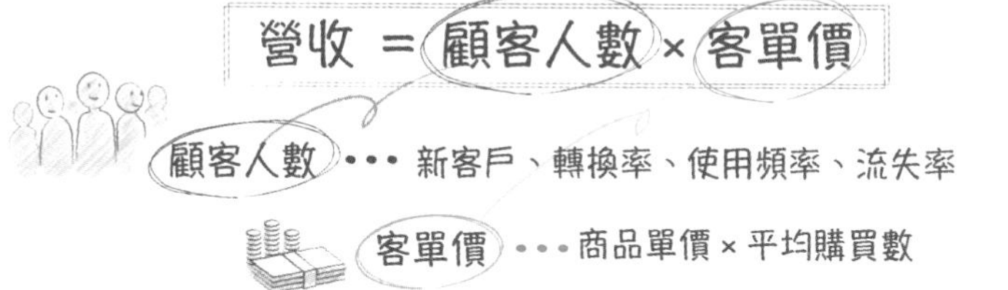

換句話說，如果可以**拉高「新客戶」、「轉換率」、「使用頻率」、「商品單價」、「平均購買數」等各項要素的數值**，或是**降低「流失率」**的話，就有望提升營業額。

即使是營收這種範圍大的主題，也能透過細分組成要素來找到應該採取的應對手段。雖說有句話叫「從大局著眼，從小局著手」，不過就算是拉高營收這種最重要的題目，也是一項可藉由微小行動的積累來完成的項目。

前面提到的分解方式，雖然或許看起來很像是美食外送業特有的產物，但其實它在所有產業種類與型態上都是共通的。

美食外送業在收到從電話或網路傳來的訂單時，訂單的商品和客人的地址就已被系統建檔。如果可以將這些資料累積起來並建成資料庫的話，就能夠把客人的使用狀況數值化。

事實上，一般的零售業或餐飲店不可能獲得所有客戶的資訊，所以很難去了解實際狀況。不過大體上會呈現出跟美食外送一樣的營收結構。

- **新客戶會以一定的機率回購**
- **顧客人數會隨著老客戶的使用頻率大幅變化**
- **老顧客有一定的機率流失**
- **依商品的平均單價與平均購買數來決定客單價**

這種結構與產業的種類或型態無關。那麼，現在便開始說明各個詞彙。

●新客戶

無論是便利商店、雜貨店、還是餐飲店，只要沒有新客人就無法開展事業。要擁有老客戶，也是得先有客人來才行。

換言之，**不管對哪種產業來說，新客戶的取得都是可被稱為生命線的活動**。雖然重視老顧客的態度頗為重要，不過一旦取得新客戶的速度減緩，店面就必然走向衰退。

●轉換率

轉換率是指那些消費過一次的新客戶第二次來店的機率。據說來店次數從兩次到三次的轉換率可達80%以上。

再加上，**讓來過一次的客人再光顧第二次是增加營收最重要的要素**。轉換率在任何產業都是最為要緊的數字，因此請各位先將它記在心上。

●使用頻率

顯示客人會隔多長的時間再來光臨的一項數值。**使用頻率愈高，營收就愈多。**

●流失率

不管再熟的老客戶，總有一天也會不再光顧。有時是被別的競爭店面搶走，有時則是因調職而離開這個城鎮。流失率便是客人不再來店消費的概率。

比如說，以我所經營的炸豬排外送業為例，還遇過有人是因為開始減肥才不吃炸豬排，或是由於健康上的原因而不再使用我們的服務。

●商品單價

此指**客人所買商品的平均單價**。這個單價愈高，營收就增加得愈多。

●平均購買數

這是每一位客人平均會向店家購買多少件商品的指標。在便利商店或居酒屋，**一名顧客買了幾件商品，會對營收產生很大的影響**。

接著將從次頁開始說明各個項目的詳細內容。

增加新客戶的人數

組合四種媒介廣泛撒網

新客戶的取得是企業的生命線。

雖然經營店面時老顧客多一點會比較穩定，但那些每天都會來的熟客一開始也都是新客人。

而且，那些只有滿滿熟客的店，在不久後的將來一定會面臨營收減少的命運。換言之，**即使是有很多老客戶的店，也不能在開拓新客人的活動上有所懈怠**。

用來獲得新客戶的媒介，大致可分為以下四種：

1　將經過店門口的路人變成客人
2　用傳單或免費報紙招攬客戶
3　透過網路招攬顧客
4　以口耳相傳吸引新客

這四種媒介必須組合鋪展，任一種都不該單獨運用。會這麼說，也是因為光看一種媒介就來店消費的情況很稀少。

・常常經過的路上開了一家新的店

➡用手機查查這家店的資訊

· 在車站前拿到的傳單上刊登了這家店

➡用手機查查這家店的資訊

· 在網上閒晃時發現一家店

➡搜尋官網或評論網站，查看部落格文章

➡聯繫朋友，打聽這家店的評價

在經過店門口或收到傳單、上網搜尋並搜集情報後，再從朋友和認識的人那裡蒐集真實的口碑評論。然後，如果評價不錯才會前去光顧。

像這樣經過各種媒介後才產生新客人的流程是現代行銷的特色，畢竟看了一個廣告就直接來店消費的人正在慢慢減少。

可能是在這個很難增加收入的時代，人們對金錢的運用更為嚴謹，或者也有可能是對自己的行為更加慎重所導致的結果。

也就是說，**不要因為廣告效果愈來愈小而不宣傳，而是要去充分活用這四種媒介，具備這樣的態度很重要**。

毫無疑問，現在是一個靠口碑宣傳事物的時代。不過僅憑這一項，店家的起步就晚了，而且在營收超越損益平衡點之前也會浪費太多的時間。**因此應靈活運用各種媒介，盡可能縮短步上軌道的時間。**

把店門口的路人變成你的客人

將經過店門口的人轉換成自家商店的客人，這正是擁有實體店面最大的價值所在。

服務業中有兩種商業模式，一種是有實體店的類型，另一種是沒有實體店的類型。對於本身有在經營店面的各位來說或許不太適應，不過世上也有很多像郵購、網購或是婚友社這種沒有實體店鋪的產業。

跟這些沒有實體店面的服務業比起來，擁有實體店的公司所擁有的壓倒性優勢在於，經過店門口的路人會自動成為這家店的潛在顧客。

雖說這很想當然，但沒有店面，就無法透過這種手段獲得新客戶。假設有一家位於車站前的店，人們從家裡前往車站時，或是從車站去公司上班時，應該差不多都是走同一條路。

因此，必須準備好可以讓經過店門口的顧客感興趣，並引誘他們入店消費的店面外觀或招牌才行。再更進一步地說，如果不是在有一定人數經過的路上開店，就沒有開這間店的價值。

重點是，**要打造出會令人下意識萌生興趣的商店外觀，而且招牌的內容要可以消除顧客所感到的風險疑慮**。

雖然是至少十五年以前的事了，不過當時我經營的那家居酒屋，僅僅是在正門口設置一個寫明餐點價格的招牌，就曾讓營收增長了20%之多。

因為那間店的外觀比較時尚，所以經過店門口的人大概會想：「這裡開了一家好棒的店，可是價位會不會很高」吧。

也就是說，「不知道價位多少」這種經過店門口的路人所感到的不安，是營收無法提升的主因。因此單憑一個招牌，就能成功將潛在顧客一口氣轉換成我們的新客戶。

如今因為可以在網上迅速查到店家資訊，所以沒辦法看到營收出現這種劇烈變化；但是這些**經過店門口的路人在對店家有所疑慮時，就不會成為這間店的新客人**，這種傾向是不會改變的。

找出會讓潛在顧客感覺到的風險並將其解決，這應該會成為你在取得新客戶上的一大啟發。

突顯店鋪優勢

訂定商店理念

傳達出最重要的事情，才能經由傳單、免費書報、網路廣告或口碑行銷來獲得成效。

提到網路上的關鍵字廣告，多半會將目光放在挑選關鍵字或廣告點擊單價的網路行銷知識，或推銷函等文案技巧上，不過在那之前還有件事必須注意。

那就是店家的強項。**只要這家店沒有任何特色或是某個足以實現差異化的特點，那麼就算投放廣告也不會得到任何回應。**

有一項數據叫做CPO，指的是單次訂單取得成本「Cost Per Order」的簡稱，也是表示吸引一名新客戶需投入多少廣告費的數字。有關CPO的內容，將在後面詳細解說。

無論如何，非實體商店的業者都很重視CPO，然而在實體商店的經營者中，卻幾乎很難遇到重視CPO的人。

是不是認為只要開了店，路過的人就會變成客人，然後就能靠口碑吸引顧客，所以不必重視CPO呢？

要增加廣告的迴響度，最重要的，是讓自己所供應的商品或服務擁有該店專屬的獨特性。

假如產品或服務平凡無奇，那各位應該能想像得到——不管再怎麼發傳單，客人也不會因此聚集。但徹底考慮過這件事的店很少，這也是事實。

倘若所提供的服務擁有很高的獨特性，它就擁有了別於其他店面或類似服務的差異性。只不過，那些沒有經手那麼特別的產品或服務的商店，又該如何打出自己與其他企業的差異性呢？這一點必須重新認真斟酌才行。在店面開張前最該絞盡腦汁思考的就是這個問題。

沒有賣點就沒有人會來

不曉得各位是否聽過USP這個詞呢？這是「Unique Sales Proposition」的簡稱，簡單來說就是這家店的獨特「賣點」。

賣點愈明確，就愈容易招徠新客人。它會使前面提過的訂單取得成本（CPO）下降，增強店家的盈利能力。

當然，這種獨特賣點**必須是對預設目標客群來說很有魅力的東西，不然沒有意義**。另外，作為賣點所主打的商品和服務一定要跟競爭對手完全不同才行，最好是一個就算競爭對手想模仿也模仿不了的產品。

比如說，假使是一間餐飲店，就供應特殊的菜餚。若是一家零售商，則收集一些其他同類型公司不曾碰過的獨家商品。如果是像整脊所之類的服務，便提供一些競爭對手所沒有的高超整復技術等。

當然，不只是著眼於技術而已。以治療師為例，我的朋友裡

■可進行差異化的要點

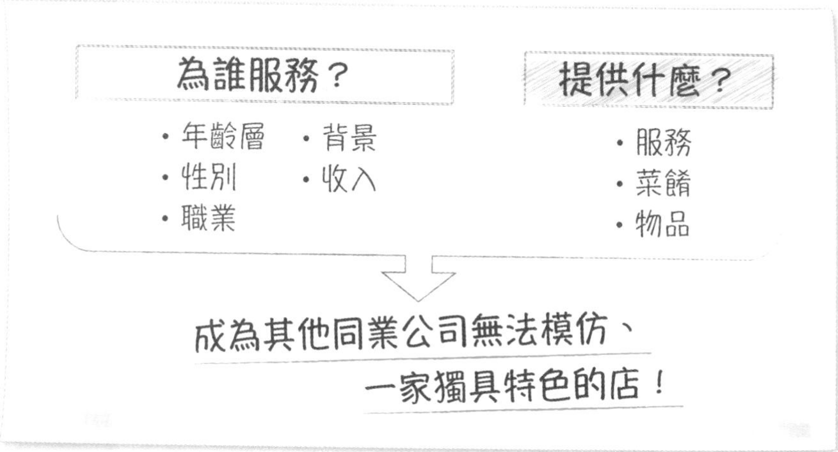

為誰服務？

・年齡層
・性別
・職業
・背景
・收入

提供什麼？

・服務
・菜餚
・物品

成為其他同業公司無法模仿、一家獨具特色的店！

有人成功將目標族群鎖定在運動員身上，也有人是專注耕耘產後的媽媽族群。

他們擁有自己獨特的手法，相關技術也很卓越這點自不待言，但他們的成功也奠基在特化客戶需求，塑造出對該目標族群來說相當強大的吸引力上。

鎖定產後媽媽為目標族群是一件非常有勇氣的事情，其吸引力遠勝於以「三十歲女性」為目標來推廣。他們為了這些帶小孩來安養中心的患者，租了大樓裡的一間房來營業；在屋裡準備好小寶寶的嬰兒床，或是確保有一塊空間能讓小寶寶自在遊玩，打造出一間讓別人很難效仿的店。這種店面營造的方式，可透過鎖定目標族群來予以實現。

在餐飲業裡，因聚焦某種食材而成功的案例跟山一樣多。不但有專注提供日本廣島牡蠣料理的店，還曾出現以主打馬肉為噱頭的燒肉店。

一旦目標範圍縮小到這個程度，就足以打造出一間非常有特色的店。

還有的例子是將目標族群鎖定在特定的使用情境上，而非聚焦食材或商品。舉例來說，日本愛知縣有一家法式餐廳是強化生日當天的消費優惠來吸引顧客。

法式餐廳原本是用餐機會非常有限的一種產業，因此也就能設想出顧客在結婚紀念日等特殊節日來店消費的情境。對許多人來說，這不是一家可以天天去消費的店；店家反過來利用這一點，將生日特殊化來打廣告，收穫了成功的果實。

順便一提，由於許多人生日當天會想到外面餐廳用餐，所以這在網路上也是有大量搜尋需求的關鍵字。

綜上所述，讓店裡的商品或服務具備某種特徵十分重要。請記住，**只要提出一個沒有競爭對手的構想，或是競爭對手無法模仿的概念、商品或服務，就能輕易獲得新顧客的青睞。**

3-5 增加老顧客的方法

有二就有三?!

跟新客戶的獲取同等重要的，是轉移率。轉移率是新顧客達成第二次購買的概率。換言之，這是指曾光顧過一次的客人中，還會再來光臨的比例有百分之多少的數據，這項數據將透過以下的算式計算出來：

轉換率＝再來店顧客數÷總來店顧客數×100（%）

這時，即使是同一個人重複光顧好幾次也要算成一個人。另外，計算時間的長短會以產業和型態的不同而有所差距。

會這麼重視轉換率，是由於**曾經來消費過兩次的客人，其第三次光臨的機率非常之高**。

各位在回顧自己過去的行為後，應該也會發現「只去過兩次」的店很少。

是去過一次就拒絕往來、還是會去好幾次，一般來說都會選擇其中一條路線發展。或許比起網購和外送產業來說，零售業或餐飲業這種實體店型的產業要正確掌握這項數值會比較難一點，但無論如何，轉換率這項數據都對營收都有很重要的意義。

舉個比較容易理解的例子，假設有家影碟出租店。影碟出租店的營業模式是，若向店家借了影片，就會為了還片而再度光顧。也就是說，它成功使得首次光臨的客人自動來店第二次，是一種劃時代的商業模式。

那麼，怎麼做才能提高轉換率呢？最基本的是：至少要讓顧客滿意。

不管舉辦多少降價促銷活動，只要對店家不滿意，顧客就不會再次光臨。這件事請一定要牢記在心。

看清滿足顧客的成功要素

為了提高顧客滿意度，必須思考的是**如何正確看清「成功的要素」，也就是「直接關係到顧客滿意度的是什麼？」**

以餐飲店來說，「味道」是其成功要素。這點很理所當然，味道差的店客人不會再去第二次。

假如是外送業，其成功要素則在於味道和速度。縮短接到訂購電話到商品外送到府的時間，顧客滿意度就能夠獲得提升。因為是肚子餓了才訂的餐，所以會這樣也很自然。

便利商店的話就是商品品項了。這家店有沒有擺出自己想要的商品，大概會是挑選店家的最大要點。

另外，像是我所經營的婚友社，仲介的人格特質就直接關係到顧客滿意度。私人健身房也是，健身教練的人品非常重要。

顧客使用婚友社服務的目的是覓得良緣，步入禮堂；而私人健身房的話，成功減重是服務的目標。達成目標以前伴隨你一起努力的人的性格，毫無疑問將對顧客滿足度帶來最大的影響。

■怎麼做才能讓顧客高興？

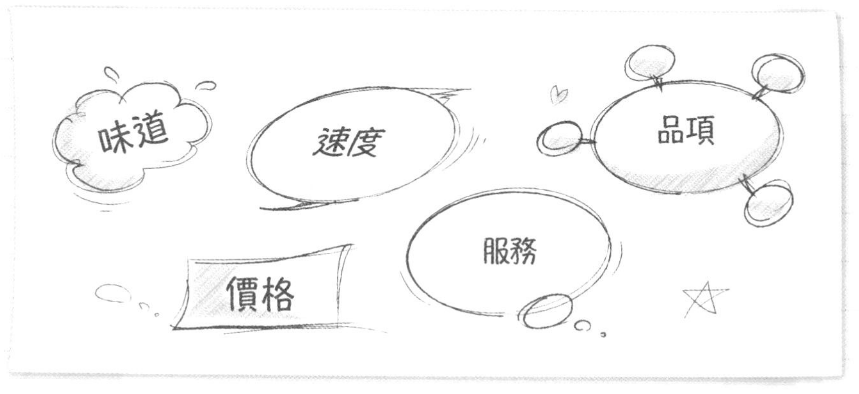

像這樣，**先找出各個產業類別和型態的成功因素，再加以掌控**，便是提高轉換率的原理與原則。

無論如何，先增加接觸次數

還有一件在提升轉換率上需注重的事情，也就是**在顧客第二次光顧之前，增加與該顧客的接觸次數**。

在商業上，增加接觸次數是非常重要的。

有一個詞，叫做「重複曝光效應」。意指人只要接觸的次數愈多，就會對那個對象抱持好感。

就算第一次碰面時沒什麼印象，但只要一次兩次地不斷見面，就會開始出現好感，這種事很常發生。善用「重複曝光效應」可使轉換率上升。

比如說，我在網路上申請一個免費試用的訂單，之後大約有三個月的時間會不斷收到對方寄來的DM廣告信。這種做法正是運用重複曝光效應，試圖透過DM廣告信安排雙方接觸，藉此促使轉換率有所提升。

在申請免費試用之後，完全不寄送廣告DM與不斷寄發廣告DM之間，其轉換率會出現非常大的差距。

經營商店也是一樣，必須去不斷地挑戰接觸那些曾光臨過一次的客人。

在我的美食外送公司，也同樣會由總部針對那些曾消費過一次的客人多次寄發廣告信函。

活用顧客名單可將轉移率拉高到50%

在提升接觸次數上，顧客名單很重要。如果沒有留下曾光顧過的客人的歷史紀錄，就無法使用這種手法。

各位要**盡可能引進問券或集點卡活動，以便留下客人的過去紀錄**。只要製成名單列表，不但可以寄廣告DM，還可以打電話聯繫顧客。

若能夠確保接觸頻率，就能確實提高轉換率。因為這種方法的基礎在於顧客紀錄，所以請好好保存顧客的資料，不要讓顧客與你一輩子只能見一次面。

轉換率的目標數值是50%。在轉換率超過50%以前，請各位在提高顧客滿意度及增加接觸次數這兩方面上都要努力不懈。

3-6 提高使用頻率的策略基礎

很難靠努力獲得成果的「使用頻率」

在轉換率之後，接著說明如何增加使用頻率。

為了直接拉高營收，提升使用頻率的辦法或訣竅十分重要。然而，**使用頻率會受到客單價和商品內容非常大的影響**，所以說不定很難得到大幅度的改善。於是，從小小的改善來積沙成塔很重要。

接著我來解說一下，為什麼客單價和商品的性質會大幅影響使用頻率呢？

舉個例子，會每天去客單價1萬元的法式餐廳用餐的人，應該屬於極端的少數派。一頓飯1萬元原本就不是每天都能去消費的價格。

我想很多時候是在家人生日或結婚紀念日等某個紀念日才去的吧。不論是生日還是紀念日，基本上一年都只能回購一次，所以這種餐廳的使用頻率是一年一次。

那麼客單價500元左右的餐飲店怎麼樣呢？比如說附近的定食料理或連鎖牛丼店、漢堡之類的素食、便利商店買來的便當……這些應該差不多一星期吃一次吧？

可以說，價格對使用頻率帶來很大的影響。

如果日式定食、牛丼或漢堡的價格是1萬元，去的頻率就沒辦法是一週一次那麼多了。

■法式餐廳與速食店

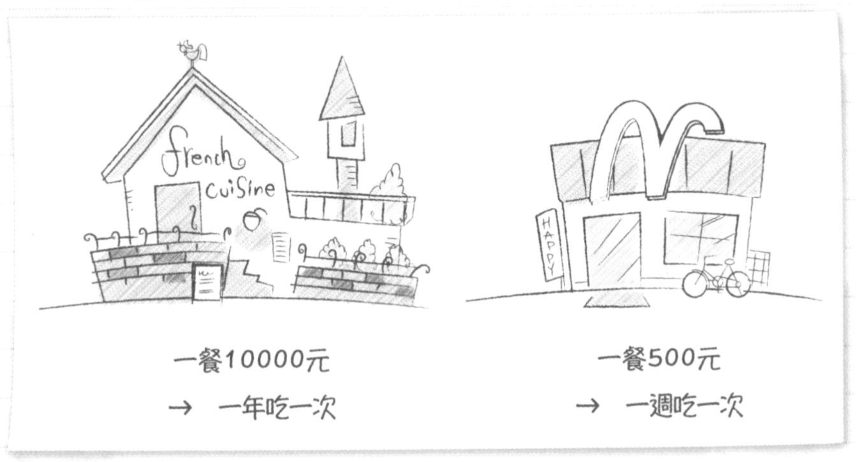

另一方面，假設法式餐廳的客單價為500元，那顧客使用頻率會如何變化呢？

畢竟沒遇過客單價500元的法式餐廳，想像起來可能有點難度；不過恐怕不會像牛丼、定食和超商便當那麼常去買吧。

要說原因為何，主要還是因為日本人沒有每天吃法式料理的習慣。

另外，天婦羅專賣店也是很難提升使用頻率的業種。不像蕎麥、烏龍麵店，我們一年不知道能有幾次機會到天婦羅專賣店吃飯。是否半年一次，或者好幾個月一次呢？

對許多人來說，天婦羅專賣店不是蕎麥麵或烏龍麵店那種會頻繁去吃的店。這種情況和好不好吃、服務好不好等店家的努力無關。

畢竟**使用頻率受到客單價或商品本身的性質極大的影響**。因此才必須不斷積累踏實的努力，一點一點地改善使用頻率。

用商品陣容打破局限

在提升使用頻率時，最初應當考慮的是重新調整商品陣容。

從法式餐廳和天婦羅店的例子中我們明白，使用頻率會因每樣商品的性質而有所極限。食物類明顯具備這種極限，而且其實所有的服務和商品都適用這條界線。

要打破商品本身性質的局限，只要改良商品陣容就可以了。

舉例來說，我開展的美食外送業務，其主要販賣商品是炸豬排。雖說炸豬排是不論男女老少都喜歡的人氣餐點，但會去炸豬排專賣店吃炸豬排的頻率卻不如想像的多。

請試著回想一下，除了日式定食店或家庭餐廳以外，自己去炸豬排專賣店吃炸豬排的頻率為何。像天婦羅專賣店一樣，應該是大概半年到一年左右去一次的頻率吧。

曾經實際體驗過突破業種及商品性質的限制有多困難的我有一個訣竅。也就是在身為炸豬排專賣店的同時，也搭配豬肉做的薑汁燒肉或燒肉便當組成菜單陣容，以拉高使用頻率。

若有這幾種餐點，就能在兼用炸豬排的食材下予以供應。如此一來便可以緩緩增加使用頻率。

② 增加菜單品項可降低門檻

商品陣容的擴充也和「使用動機」的擴大息息相關。

譬如說，一家四人在假日晚上向炸豬排店提出外送訂單時，幾乎不會出現所有人想吃的東西都一致的情況。

如果有無論如何都想吃炸豬排的人，那應該也會有不想吃炸豬排的人。假使菜單上有除了炸豬排以外的餐點，就能為那些不想吃炸豬排的人建構退路，然後得以獲得這家人的訂單。

我剛開始做丼飯外送時也是，由於只有丼飯時的使用度很低，所以我在商品陣容中加入了烏龍麵，成功提高使用頻率。這是經由改變商品陣容增加使用頻率來促銷的典型案例。

■一家四口想吃的東西

所有人想吃的東西不一定相同

還有一種促銷模式是靈活運用優惠券或特惠券。

針對來消費過一次的客人，贈送只能在一個月或三個月內使用的折價券，就十分有可能會提高使用頻率。

令人不禁感到「不用就虧了」的折價券可獲得意想不到的成效。從這種角度去想如何提高使用頻率，也不失為一種方式。

為了降低流失率可以做的事情

比起獲得新客，更要重視顧客的流失

在店面經營上感覺幾乎不太會去意識到的，是顧客流失率。

顧客不再光顧的比例稱為「顧客流失率」。顧客流失率的定義會隨著產業種類和型態而有所差距，請使用一個最適合自家店面的定義。

當然，就算只是單純的「一年內沒來的的客人」也沒關係。重要的是去採納一個與自家相應的定義。

必然會因某種理由而流失一定數量的客人。有種說法認為，企業平均每年流失10～30%的顧客。也就是說，必須開拓出比這個比率還多的新客戶，才能讓營收比去年還高。

如果每年會失去10～30%之多的顧客，就需要更多的精力以取得新客戶。然而，每年獲得新客人的成本都在增加。

若是**考慮未來成本的逐年增加，不難想像防範流失的成本將比獲得新客的成本更低**。

據另一種說法所言，兩者之間的差距乃至於五倍以上，不過實際上也未必是那麼誇張的數字。

另外，在非實體店面的業界中有一項被稱為5比25的法則，這項法則甚至提出只要防止5%的顧客流失，就能增加25%的利潤。儘管這項策略具有如此之高的利潤貢獻，卻難以被人們意識到，這就是流失率。

維繫顧客只能靠親自接觸

要怎麼做才能防止顧客流失呢？

原則就是，**除了增加接觸機會以外別無選擇**。

請各位務必要將此銘記於心。生意之下必定存在著人際關係，小型店鋪就更為如此。

我們曾在107頁提過重複曝光效應，也就是人類會對頻繁遇見的人抱持好感。反過來說，假如延長見面前的間隔時間，好感度就會慢慢變淡。

若是可以意識到這件事並予以迴避，便能減少顧客的流失。這裡我會介紹三種方法：

① 經由DM廣告接觸

雖說以一個提高接觸頻率的方法而言實在太普通了，但**DM廣告確實有效**。

我認識的人裡，有一位企業主加盟了大型連鎖便當店的外送服務，他每個月都會針對既有客戶寄送新知信函。因為新客戶的取得成本變高了，所以加強面向至今消費的客人的促銷活動。

再加上用郵寄來發送新知信函的成本很可觀，因此他便讓自家公司的兼職員工直接將信函投進客戶信箱來壓低成本。

同時他還縮小外送範圍，提高了外送效率與DM傳單的促銷效益。這位企業主當時締造了這家連鎖企業裡所有加盟店的營收第一名。

② 經由活動接觸

在積極舉辦活動上，也有一個謀求頻繁接觸的方法。

活動雖然可以獲得新客戶，但在這之上**還有一層意義是吸引老顧客參加活動**。自己創造話題，增加跟既有客戶接觸的機會，藉此防止顧客流失。

當然，**在活動上給予顧客獨特感，可以提升既有顧客的忠誠度**，也能期待**防範流失的成效**。

在音樂教室中，常常會舉辦學生的發表會或講師的示範演奏等限定該教室學生才能參加的活動。這種活動的舉辦目的，就是防止既有顧客流失。

③ 經由電訪接觸

最近發覺營收往下掉的老闆或店長，請務必試著安排自己與客戶的接觸。

在防止實際見面過的客人流失上，電訪具有戲劇性的效果。只是在過去光顧過的客戶裡選出最近沒來的人，並打電話聯絡對方而已。令人驚訝的是，營業額馬上會因此攀升。

例如「因為最近沒見到您過來，我們擔心您遇到了什麼事，所以才打了這通電話」或是「最近沒見到您有些寂寞呢」，這種**像是跟很久沒聯絡的朋友聯繫的感覺**可以令對方感到愉快。

如果是「我們辦了活動，您要不要來參加？」這種以做生意為優先的接觸方式，客人就不會回流。至少也要**斟酌選用重視人際關係的用詞**，這一點很重要。

與流失顧客的接觸，是增加營收的最短捷徑。

許多店長或老闆深信流失的顧客是因為「對我們的店有所不滿」的關係。

於是這種成見便成為了他們的心理屏障，使他們對電訪或送傳單感到躊躇；然而實際上，幾乎大部分的人都是「不知不覺就不再光臨了」。

因此要從我們自身開始接觸對方，好讓對方想起這家店，藉此使對方再度來店消費。

3-8 提高商品單價的方法

增加商品單價的兩個辦法

提升商品單價的方法有兩種途徑。一種方法是**賣出更高價的商品**，另一種方法則是**巧妙地改變商品的種類，藉此抬高商品的平均單價**。

以賣出更高價商品的方法來說，最能立即見效的是經由店裡員工的人力，直接推銷高價商品。

比如說，假設洋酒專賣店裡，有位客人正因不曉得要買哪一種紅酒而感到迷茫。此時就將比較貴的紅酒賣給這名客人，這樣的例子應該很好懂吧。

在商品銷售上，價格較高的東西，基本上品質與之成正比的情況很多，因此就算稍微貴了一些，也要很有自信地推銷販賣，這一點很重要。

從客人手上收錢並不是什麼壞事。不只如此，**還能從中提供相對於高額支付後的滿足感**。

各位是否也曾有一兩次在花大錢買東西的時候感到心情很好呢？

就算在居酒屋或酒吧之類的地方也一樣，只要推薦價格稍微貴了點的香檳、紅酒或日本酒給客人喝，就能確實提高整體商品單價。

許多經營者對提高客單價的做法態度保留，**不過只要買下這個東西可以帶給顧客相對的喜悅，那就沒什麼問題。**

① 讓顧客從三種價格裡做選擇

不靠推銷也可以提高商品單價。**典型的手法是，為商品準備三種售價。**

舉例來說，假設店裡目前賣的是500元跟1000元的商品。這時，若最想銷售的商品是1000元的那一種，那麼即使不打算賣也要準備一種1500元的商品。這麼做就能立刻讓1000元的商品賣得更好。

■設定三種價格

這種手法雖然常見，但它通用於所有行業之中，是非常有效的手段。

以前我曾經承辦過寺廟的顧問諮詢。現在這個時代是從墳墓轉向靈骨塔的一大轉換期，因此成功銷售靈骨塔的寺廟，其經營狀況會更加穩定。這也是因為，只要買下靈骨塔，就能繼續衍生出做七或頭七等宗教儀式的訂單。

在這個案例中，我為靈骨塔的售價設定了三種階段，這三種階段以靈骨塔內的位置（愈高愈熱門）、面積、以及是否能永續供奉等附加價值做出價格差異。

當然，**最主打的銷售目標是正中間的價位**。最貴的靈骨塔60萬元，第二種的價格為40萬元，最便宜的靈骨塔價格則是30萬元。透過這些設定，可以促使40萬元的靈骨塔銷售量攀升。

順便一提，以靈骨塔來說，最貴的品項也賣得很不錯。

另外，在我接受居酒屋等店家的顧問委託時，也是準備了2500元、3000元、3500元共三種的宴會套餐，以便讓人稍微傾向訂購3000元的組合。

雖然這個案例與靈骨塔不同，最貴的3500元套餐幾乎賣不太出去，不過作為一個賣3000元套餐的手段倒是挺有效的。

如上所述，**人類有著下意識選正中間的東西的本能**，所以透過有目的地預先規劃比最想賣的商品**更高一階和更低一階的商品**，就可以**提高該商品的銷售數量和客單價**。

② 重新調整商品種類

另一個改變商品種類來讓商品單價提升的方法，不管是在零售業還是餐飲店都很有效。

對餐飲店，尤其是菜單種類繁多的居酒屋來說，這是一個相當有效的手法。畢竟一旦每次來店消費時點過的商品都會漲價的話，客人就會離開了。

如果是肉眼可見的品質上升，像是分量增多或使用的食材變得比較高級之類的，那或許顧客還能接受，但要是一直以來都是用500元就能吃到的餐點突然漲到600元的話，人們便會產生「不想再來第二次」的心態。

要防範顧客像這樣流失，同時又想提高商品單價，那就只剩下重新安排菜單品項來增加單價了。

舉例來說，我認識的朋友開的餃子店是以餃子一盤290元的便宜價格為賣點。在消費稅上漲的時候，他因這個價格要不要改而煩惱不已，最後他判斷「餃子漲價會流失客戶」，然後決定只有餃子的價格保留290元不動，僅僅提高白飯套餐或沙拉類、啤酒等酒精類的價格。結果他成功維持顧客數量，也順利將因消費稅增加的部分反應在價格上。

綜上所述，假如直接調漲主打商品的單價，顧客流失的風險就會變得非常高。

在消費稅調漲的時候也一樣，就算是因為「消費稅調漲」這個正當理由才漲價，顧客也不一定會寬容以待。

重要的是，在打算調高商品單價時宏觀所有商品，**辨別到底哪些商品要調漲，又有哪些商品應該凍漲，巧妙地拉高全體商品的單價**。

增加顧客購買次數的方法

從「順手就買了」提升營收

想提高客單價還有一個辦法——增加顧客平均購買數。

無論是超商、超市還是餐飲店，只要讓客人買下更多的商品，就能藉此提升營業額。

當我們在超市結帳櫃檯前排隊時，會發現櫃檯前陳列著雜誌或口香糖等產品。那是**讓人們在等結帳的過程中，不知不覺就拿起商品一併結帳的招數之一**。

當看見附近便利商店的收銀台旁放著的10元的糖果、或是約30元上下的巧克力糖時，我想不管是誰，應該都有不小心順手買下來的經驗吧？

這種不禁在無意識下購物的情況意外地常見。

去超市或營業用肉品店時，通常會在牛排等烤肉用的分裝肉旁找到烤肉相關的器具備品。

因為來買烤肉用肉品的人，也會順便連烤肉醬、火柴或炭火燃料、工作手套等食品外的商品一起買。

在鬆餅粉附近陳列楓糖漿也是一樣的道理。

如上所述，**將相關性高的商品並排陳列，也是一種提升平均購買數和客單價的手段**。

從「追加點單」提升營收

從前我曾在拉麵店以設置配菜組合獲得成功。

拉麵店在點餐機點完拉麵，並將拉麵餐券交給店員之後，到拉麵做好出餐之前會有一段等待時間。

雖然邊滑手機邊等的人數壓倒性地多，但也有很多客人會去看桌上放的菜單。我會在這些菜單裡夾一份小菜類的菜單來促進銷售。

因為年輕男性有很高的機率加點溏心蛋或炸雞之類的小菜，所以我會將這些配菜清楚展示在他們面前。

在居酒屋等地則是在發現空杯子時，僅需要上前問一句「請問需要續杯嗎？」回答「好啊，麻煩續杯」的客人卻占有相當大的比例。

這些是大家都知道的案例，但能徹底實行的店很少也是事實。知道和真的實際運用在店裡是完全不同的兩回事。

增加平均購買數是提升營業額最簡單的一個方法。不管怎麼說，這都只是主動向已來店的顧客推銷而已。

在運動俱樂部或健身房裡推行的營養食品銷售活動，也是基於同樣的打算。

那些想鍛鍊身體的人和想運動的人，可說是對身體健康的意識較高的人。針對這些人販售營養食品，以補充平常攝取不到的

■可增加平均購買數的例子

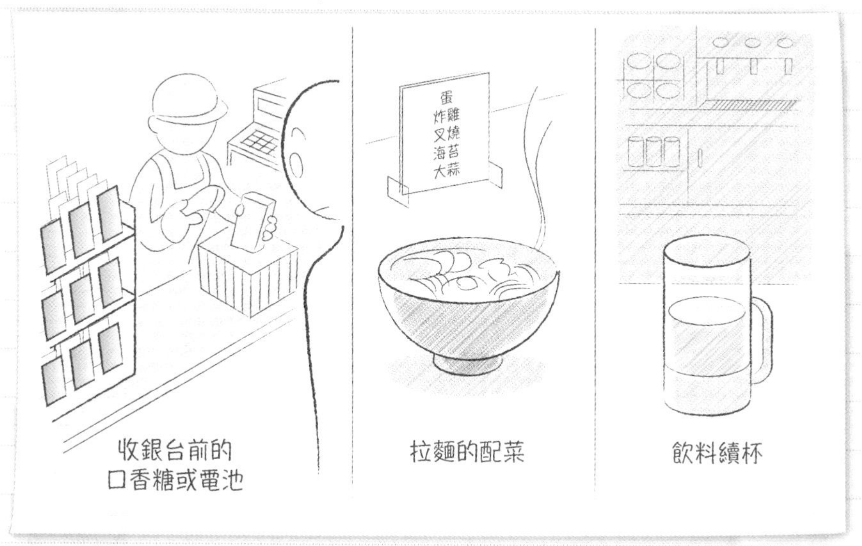

營養素，這樣的做法非常有效。

仔細觀察來店消費的客人，並提升他們的平均購買數，做起來相當容易。

在拉麵店賣小菜加點的例子中，單月營收甚至因此增加了20萬元。

由於完全沒有為了著手促銷而多聘員工，所以只要毛利率達到70%，就會增加14萬元的營業利益。

假設每月營業利益原為50萬元，則營業利益將提高到64萬元左右，因此光憑販賣小菜加點，就能使利潤增加28%之多。

像這樣，**透過建立增加平均購買數的機制，就算在某種意義上不特別作為，也能令利潤大幅提升**。

不論任何產業型態或種類，只要知道顧客的購買動機和內心渴望，這種手法就能迅速產生成效。

第4章

實地活用數據分析

兼備大局觀和細緻度

藉「從大局著眼，從小局著手」成長

關於會計的基本規則、經營店面時應重視的數字、以及提升營收的方法，這些我們都已一一解釋過了。

接下來我會用實例說明，究竟店長和老闆該如何思考才能改變自家店鋪的數據。

在將數字分析實際運用在店鋪營運上時，重要的是同時兼備大局觀和細緻度。

我在本書第94頁也曾闡釋過「從大局著眼，從小局著手」這句話，它通常用來表示「從宏觀視角把握問題，再從細微之處開始改善」。

以我自己的解釋來說，我認為它指的是**要以宏觀視角概略解讀整體趨勢，再不斷累積極小的數據改良來達到自身期望的結果，並且把這兩種極端的觀點融會貫通**。

同時兼備兩種極端的觀點，這在商場上非常重要。縝密與大膽、溫柔與嚴厲、攻擊與防守的態度……將這些五花八門的「兩種極端」納入自己心中，這種做法不只是對一家店鋪的成長有所必要，甚至可以說對一個生意人的成長都是不可或缺的。

預測趨勢，建立對策

解讀趨勢意味著大致預測市場方向、或是圍繞自家公司身邊的各種狀況。了解這些外部環境的變化和自家店鋪的優勢後，再決定未來營運店面的方向等策略。

預測外部環境的變化等於預測未來，再加上自己分析自家商店的優勢，並且以此為本決定未來方向（策略），這三項行動是經營活動的核心。

請記住，**「預測趨勢，建立對策」正是經營活動本身**。這些工作並不需要非常精細的數字。

另一方面，必須精確執行經費成本的管理。

具體來說，是進行預算績效管理時的營收預測和預設成本。尤其是，在成本的管理上務必嚴苛以待。

在成本率上，必須敏銳察覺其0.1%的變動；若為人事費，則是需要以十分鐘為單位徹底管理兼職人員的工時。

概略預測市場動向，制定大膽的策略以提高營收，同時不斷積累精確的成本管理，從這兩個方向可使店家的利益最大化。

別用今年與去年的營收對比來判斷

接著我會介紹預測趨勢的方法。

在預測趨勢之際，最簡明易懂的指標就是累計營收。累計營收指的是最近十二個月營收的總合。

那麼，為什麼要在觀察趨勢時使用這個數字呢？

一般來說，我們通常會採用的指標是年度營收對比。這個數字單純是去年同月營收與今年同月營收的比較。例如將今年9月的營收與去年9月營收對比計算。

然而，**在用年度營收對比來解讀趨勢時，有可能會出現認知上的錯誤**。畢竟一整個月的營收會因該月分星期數或天氣的不同而產生大幅的波動。

以星期數來說，典型的是該月分有幾個週六日。營收會因當月有四個週末、或是五個週末而出現巨大的差距。天氣也一樣，大幅的差異會因當月是否有大型颱風或是下大雪而產生。

另外，在掌握9月營收狀況時，就算比較8月與9月的當月營收也沒有意義。就像是1月與2月的月營收相比，2月一定比較少的這個常識一樣，月營收會因季節變動是很常見的事。

■以年度營收對比來下判斷的缺點

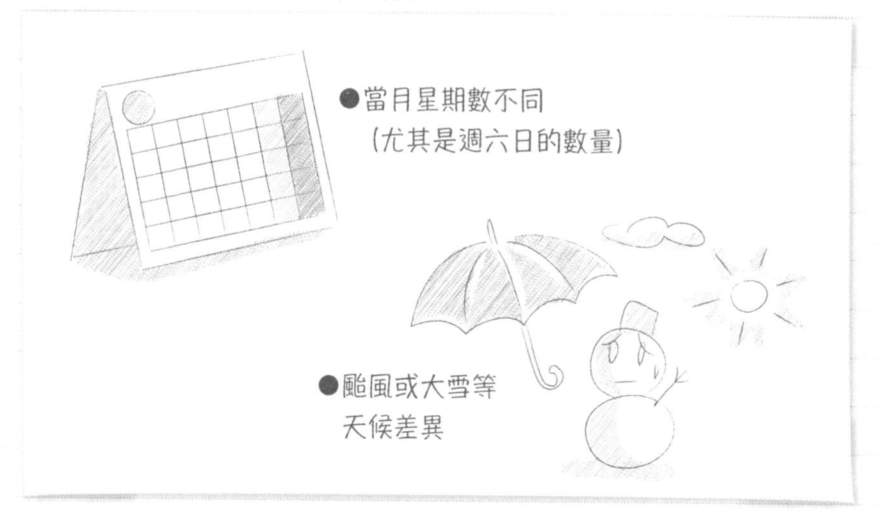

因此，這裡才會選擇採用累計營收的概念。

舉例來說，若現在是2015年的2月中旬，那2015年1月以前的月營收應該都已經不會變了。

在這種情況下，2014年2月到2015年1月的月營收總合就是最新的累計營收。

只要是在店鋪開業十三個月以後，就能算出累計營收。首先，讓我們將到現在為止的每月累計營收計算出來，並以圖表的形式表示。

藉由觀察這份圖表，就能對**店家是否處於成長階段、是否維持現狀、還是具有下降的傾向一目瞭然**。

下一頁，我們會邊看累計營收的案例邊進行解說。

■累計營收的例子

		月營收（元）	累計營收（元）
2013年	1月	4,000,000	
	2月	3,600,000	
	3月	3,900,000	
	4月	4,000,000	
	5月	3,900,000	
	6月	3,800,000	
	7月	4,000,000	
	8月	4,100,000	
	9月	4,000,000	
	10月	4,200,000	
	11月	4,300,000	
	12月	5,000,000	48,800,000
2014年	1月	4,500,000	49,300,000
	2月	3,800,000	49,500,000
	3月	4,300,000	49,900,000
	4月	4,400,000	50,300,000
	5月	4,200,000	50,600,000
	6月	4,000,000	50,800,000
	7月	4,100,000	50,900,000
	8月	4,100,000	50,900,000
	9月	3,900,000	50,800,000
	10月	4,100,000	50,700,000
	11月	4,000,000	50,400,000
	12月	4,700,000	50,100,000

一年份的
月營收總計即為
2013年12月底時的
累計營收

※假設2013年1月開業

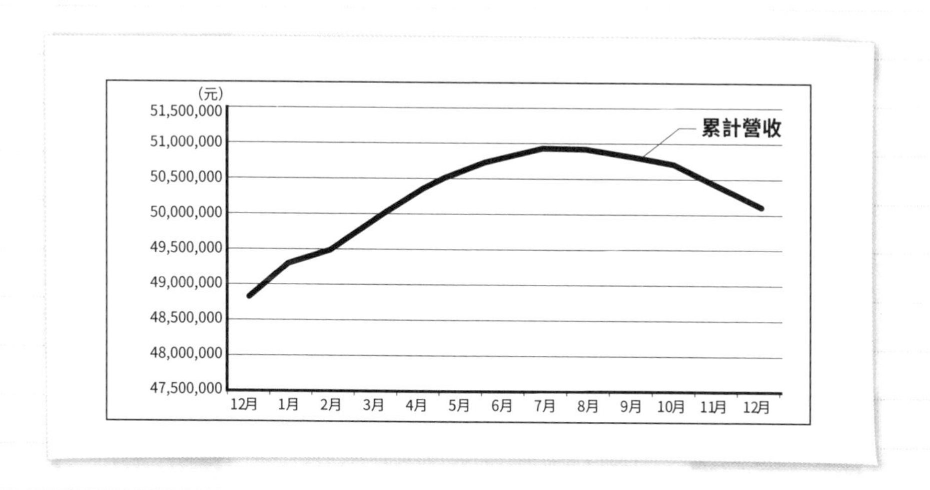

看到上面的累計營收表，就能明白店家的營收正以7月與8月為頂點緩緩下降。

當目前處於成長中，並且希望未來也繼續成長時，就必須在現狀的延長線上繼續努力，而不是立刻改變目前的經營方式。

有時候，大多數老闆和店長常犯下的錯誤之一，是改變目前施行良好的經營方式。

現在這個時代，經營做得好才能使營收增長，除此以外別無他法。不改變這種做法才是更加賢明的選擇。

事實上，有非常多的案例是誤將改變當成自己的目的，最後反而往不好的方向演變。

用時段差異分析營收

小型商店的生命線是速度

當累計營收下降時，必須稍微多觀察一下營收中的細節。重點就是這個「稍微」。

若是像大型連鎖超商一樣用大量情報資訊武裝自己的組織，就能基於數據正確執行策略以防止營收下滑。但要是在**如小吃店、雜貨店、各式服務業這種，以個人經營模式延伸的小規模公司裡，請這麼想：現實上不可能做到**。

更進一步地說，在分析上花時間才是最大的浪費。**一旦大致確定原因，就要馬上建立對策，並予以實行，這種速度正是小店的強項。**

如果發現自己採取的對策有誤，就要盡快找到錯誤並修正軌道。這樣反覆調整的速度可說是小型組織的生命線。

本章我們會介紹好幾個關於對數據精密分析後得以收穫成果的案例。這些大多是我在經營居酒屋時經歷過的事情。在商業上有一個原則是，從其他業界的做法入手較容易突破現狀。因此，零售業或服務業的讀者反而應該更充分閱讀並理解其中的本質，並且請仔細思考如何將其運用在自己身處的業界之中。

是否能活用營收時段分析法

顧客分析的觀點有些有意義，有些則無。哪一種觀點有意義取決於產業的種類和型態。對各位自身的產業類別和型態來說，**想知道哪些顧客觀點有效，必須去分析數字、建立並實行對策，並且一邊確認結果，一邊加以確定採取的方式**。

從這種經驗建立起來的技術將成為整間公司的財富。

在顧客分析的領域中，最普遍的是營收時段分析法。意指以一個時間單位來調查營收，使其對今後招攬客戶的應對措施有所助益。

營收時段分析被靈活運用在所有業界之中。

比如說，如果以時段差異來分析居酒屋的營收，則營收一定會在下午5點到7點的時段往下掉。於是大家就會開始討論該如何提高這段時間的營業額。可是，居酒屋在這個時段營收低不是理所當然的事嗎？

大多數的居酒屋都開在商業區或繁華市區中，其主要的目標客群應該是設定成上班族或OL。普通公司員工大概會工作到晚上7點，沒有那麼多的人會在下午5點或6點準時下班跑去喝酒。

從這一層意義上來說，**在選擇開設居酒屋這種產業的當下，瞄準下午5點至7點的時段來增加營收是很不合理的行為**。

然而許多居酒屋都會試圖提升這個時段的營業額，像是下午5點到7點命名為「Happy Hour（暢飲時間）」，舉辦百圓生啤酒暢飲的促銷活動，或是時段限定套餐等，透過這些折價活動來吸引顧客。

■促銷活動與客人間的落差

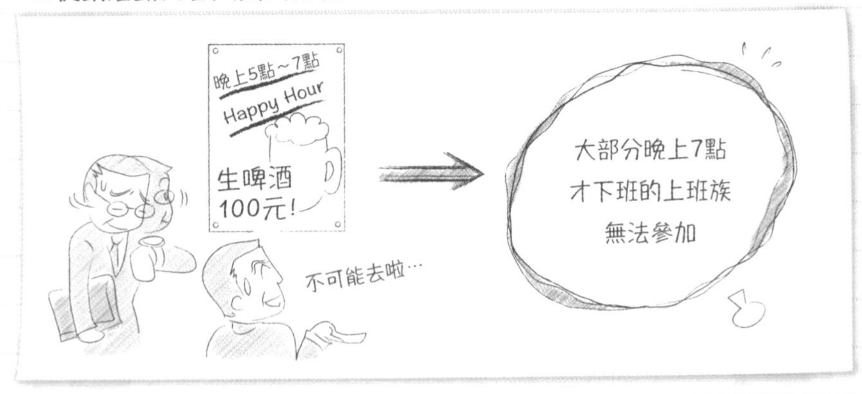

就算這樣為招徠客人百般籌劃，也總是因為沒有需求而無法得到良好的成果；而且也有人認為這會使常客對支付晚上7點以後的正常價格感到抵觸，錯過將其轉化成忠誠顧客的機會。

即便是午餐時間也有營業的居酒屋，也經常可以發現一些店會在下午1點以後提供免費甜點或飲料，理由是1點以後的營收很低。但是，上班族的午休通常都固定在中午12點到下午1點。特地錯開休息時間，等到下午1點以後再來光顧的客人到底會有幾位呢？

有時在下午1點以後進店的客人只是為了吃免費甜點而已，最後卻使店家**陷入成本率上升、利潤減低的下場**。

如何延長熱門時段的暢銷狀況？

綜上所述，**要是依時段採取過度細緻的營收策略，就很有可能會不斷重複實施一些無意義的對策**。

不管是零售業，還是餐飲業，時間大致都可分成早上9點到11點的早餐時段、11點至下午2點的午餐時段、下午2點到5點的空閑時段、以及下午5點以後的晚餐時段四種，必須根據各時段的傾向來發展對策。

最初該考慮的，並非是在銷售不佳的時間內促銷的方法。恰恰相反的是**要在暢銷時段做促銷，這種方法才是重點**。

假如是居酒屋的話，晚上7點到9點是顧客高峰期。去考量如何讓這個時段客滿才是更加有效的做法，而且能做的事情也會更多。

如果每天的尖峰時段都已經是客滿狀態，那麼就透過推銷高單價商品，或是增加飲料的銷售量，藉著客單價來提升利潤。這種方式更能帶來成果。

想要**在離峰時段做促銷是非常困難的一件事**，還請各位牢記在心。

正確的星期別營收分析

單純的降價無法增加顧客

以星期差異來做營收分析也是非常普遍的營收分析手法。比如說，因為星期五跟星期日的營收很高，所以增加這兩天的兼職人員數量以因應當天的營業狀況。我想，像這樣活用數據的人應該很多。

試著想想，當你知道星期一的營收很差時，該採取怎樣的對策呢？

零售商若想提高週一營收，可藉由舉行週一限定的特價促銷，並把傳單夾在早報裡來吸引客戶。

餐飲店的話，則是可以推出每週星期一生啤酒半價、或是招待甜點之類的活動。

不過，**鎖定一週中營收較低的星期來提高當日營收也同為一項不合理的策略**。

譬如，就算在居酒屋實施這樣的補救措施，頂多也只是讓客人將原本星期三喝酒的預定改到星期一去。

雖然經常見到「週二生啤半價」的廣告海報，但也可以輕易想像得到它所帶來的成效不高。

這跟前面提到過的營收時段分析一樣。**我不認為僅憑錯開既有顧客的來店時間，就足以找到新的需求。**

美容業也是如此。若按星期數來分析，週末的營業額多半會高於平日。

為了提升平日（尤其是下午）的營收，這些店家通常傾向於染髮半價或剪髮折500元的活動企劃。

如果週末客戶爆滿到必須拒絕新的預約，那麼說不定這種引導客人在平日消費的企劃會很有效。

不過，沒有那麼受歡迎的美容院就算舉辦這種平日攬客的促銷活動，也很少能吸引得到新的客人。

即使誘導自己店內的假日客人改成平日光顧，那些因減價促銷而減少的銷售額也不過是直接縮減店裡的利潤罷了。

利潤降低時，趕快放手不要猶豫

最大的問題是，**就算知道是錯誤的企劃導致利潤減少，也會因為害怕客人流失而永遠無法停止降價促銷**。

跟星期分析和時段分析一樣，要使企劃正確運作，不該是在冷清的日子裡辦活動吸引顧客，而是**必須在生意最好的日子採取行動讓營收倍增**。

我認為，現在這個時代原本就無法以星期幾或某個時間的特價促銷來吸引顧客。

在這樣一個商品爆炸的年代，比起便宜銷售到處都有的商品，**還不如高價賣出別的地方都沒有的產品或服務，這才是做生意的正確方向**。

假如無論如何都找不到當前所供應的商品或服務的任何特徵，那也有一個方法——將自己本身當作商品。

也就是說，讓自家店的店長與店員成為比別家店更具魅力的服務人員。因為「招呼很周到」、「笑容很好」等理由支持一家店的客人其實很多。

與顧客建立人際關係是非常卓越的差異化策略，也有著很高的進入障礙。

無論各位將來樹立什麼樣的策略，也絕對不要做出在門可羅雀的星期或時間，透過低價來招攬客戶的判斷。

男女比例分析與營收對策

顧客意見是做生意的鐵則

接下來我想介紹一些既簡單，又非常有用的顧客分析範例。

首先是按性別進行營收分析。在我經營居酒屋的時候，有一段時間營收長期低迷，累計營收的趨勢持續走低。

於是我便分別分析男性顧客和女性顧客，成功發現只有女性顧客的人數在往下掉。換言之，我們依然有獲得男性顧客的支持，而**女性顧客支持度的下降是營收減少的主因**。

這可能會有點離題，不過我認為在做生意的時候，**將目標客群鎖定為男性會比較輕鬆**。與女性相比，男性的行為更直線型，所以取得這樣的客戶較為容易，並且也能輕易地長期維繫下去。

另一方面，女性在選好要去的店之前（即實際付費以前），有花很多時間去比較討論各種店家的傾向。再加上她們會覺得「想去很多家不同的店看看」，而且對店家的要求也相當細膩。

好的，回到正題。營收低落的原因若很明顯地是女性顧客的減少，那麼一旦女性的支持度恢復，營業額就會恢復原狀。

在這種情況下首要事項是，先**實際聆聽顧客對自家店面的評價**。在迷惑不解或得不到成果時去詢問顧客是最重要的一件事。

提供服務一方的想法與客人的主觀意見間，必定存在著巨大的鴻溝。首先要去正確掌握這個差距。

先前我們提到，中小企業和小型商店沒有大企業那樣的數據，所以去精確分析數字只是浪費時間。不過，我們可以聆聽身為目標族群的顧客的第一手意見，藉此提高自身假設的精確度，取代那些精密的數字分析。

其實那時候，我曾輪流向好幾位常客和熟識的女性詢問她們對我所經營的居酒屋的評價，得到的答案是「甜點馬馬虎虎」。

我剛開居酒屋的那幾年，出現了非常多的競爭對手。新的居酒屋一年內出現又消失無蹤。許多居酒屋在排除萬難、切磋琢磨後，決定持續充實甜點產品以取得女客人的支持。

而當時的我還未跟上這股時代的潮流。

別用價格決勝負，要靠創意

因為發現失去女客人的心的主要原因是甜點不夠好，所以我便馬上著手讓甜點變得更加豐富。

每個月我們都會研發六種以上的自製甜點，在中央廚房採購好後，再安排將其分送到各家店鋪。基於「蛋糕店吃不到的甜點」的理念，我決定以居酒屋的價格，提供足以媲美法式餐廳的高品質甜點。**畢竟就算端出那種到處都能吃到的甜點，也沒辦法贏得商業競爭。**

另外，當時我們所用的廣告媒體也全都主打每月更換的特色甜點。廣宣的方向轉換成任何媒體都一定要刊登甜點來宣傳。

雖說做生意是「製造商品（採購商品）來賣」的簡單活動，但**不在製造（採購）商品販賣上努力的店家卻有很多，這實在令人遺憾**。

不管在什麼時代，任何產業都是由產品研發（商品備貨）和業務銷售相輔相成才得以延續。好不容易做好（進貨）的商品，須得使盡渾身解數來賣出去。

經過實施上述方案之後，我們大概半年內就成功讓女性顧客人數完全恢復到原本的水準。而且男性顧客也沒有絲毫減少，因此這套策略取得了極大的成功。

服務業的顧客分析與營收對策

容易活用顧客資料的服務業

像小吃店這樣的生意很難保留顧客的詳細購買紀錄，所以粗略分析顧客並採取相應措施會比較順利，這一點我已經用自己經歷過的案例來解說過了。

另一方面，美容院和整復所這類服務業可留下遠比小吃店詳細的數據資料。因為客人第一次光顧時就會進行客戶訪談，所以不但能取得顧客的年齡、住址、電話號碼等個人資訊，還可詳細把握顧客狀況，譬如做過的服務（美髮沙龍的話就是剪髮、燙髮或做造型等）、消費金額、時間、負責服務的人員等資料。

這一點，就跟零售或餐飲業有著戲劇性的差異。**當營收下滑時，由於這種商業模式具備所有顧客的數據資料，因此能夠採取更精確的對策。**

像美容美髮這種服務業，就跟曾在106頁解釋過的婚友社與私人健身教練一樣，專屬負責人的服務等級或技術會直接影響到顧客滿意度。

此外，因為顧客滿意度對營收有著強烈的影響力，所以在按負責人差異來查看營收狀況時，常常會看到裡頭參雜著銷售額往上攀升的美容師，以及銷售額不斷往下掉的美容師。

因此，**一開始要從各個負責人來解析店鋪營業額。如果有負責人的營業額下滑，就去分析他負責的顧客狀況**。

細分週期就能找到對策

經常被運用在美髮沙龍營收分析的，是將顧客分成新客戶、老客戶（來過兩到三次的客人）、忠實客戶（來店四次以上）的方法。

將來過四次以上的客人劃分成忠實客戶，是因為人們一年上美髮院的次數約為四次左右。若是維持一年以上的顧客，在這個業界就差不多是一名忠實客戶了。

按照週期確認店裡新客戶、老客戶、忠實客戶的組成比例和轉換率，從中找出營收對策。給出正確的轉換率，是擁有顧客資料的產業的最大優勢。

以美髮沙龍舉例來說，三個月以內的轉換率大概在40%以上會比較好。

新客戶、老客戶及忠實客戶的組成比例，大體上會形成的變化如下頁。

■服務業的顧客結構範例

	剛開業時	半年後	1年後	2年以後
新客戶比例（光顧1次）	40%	10%	10%	8% ※2
老客戶比例（光顧2～3次）	10%	25%	15%	10%
忠實客比例（光顧4次以上）	50% ※1	65%	75%	82%

※1：若是開第二家店或是自己帶客獨立的情況下，因為有先前的店就維繫下來的客人，所以一開始就有忠實客戶。

※2：此為市郊店家的例子，若店面位於市中心，則大概會有10～15%左右。

如上表所示，顧客的比例會依週期變化；不過應該要制定每家店各自的理想比例，再去查看店鋪整體以及每位負責人的顧客狀況。

以三個階段採取對策

營收對策的優先順序如下：

1　提高轉換率

2　聯繫已流失的忠實客戶

3　取得新客戶

首先要了解那些轉換率低於108頁目標數值的負責人是屬於哪一種狀況，是原本就不具備可讓顧客回購的技巧？還是本身沒有工作的熱情？

這時可以採取一種對策，將該負責人的顧客分成他擅長的客戶、要求較低的學生族群、以及男性顧客幾種。

當然如果對方的技術絕對不夠的話，必須直接進行技術上的指導，或許也可以將改善其第一印象或溝通技巧納入訓練範疇。

假如轉換率沒有問題，那就查看每種顧客的分布狀況。這部分最容易做出成效的，是去**聯繫那些流失的忠實客戶**。

這是因為，那些首次光臨或來個兩、三次就不來的客人，通常是這家店無法滿足對方的要求才會如此，所以就算聯繫上對方也不會回流的可能性很高。

相反地，雖來過四次卻流失的忠實客戶很有可能已跟店家建立了信賴關係，所以透過廣告信函等方式可以促進他們重新來店消費。

現在這個時代，顧客會因口碑而行動，因此**增加忠實客戶的數量，並且提高他們的滿意度，也同樣能夠促使新客戶增長**。髮型是任何人都可以看到的，如果朋友的髮型做得好，可能就會去留意對方是在哪一家美髮店做的。

取得新客戶是為了增添諸如在媒體上刊登廣告、直接投遞傳單、車站前的街頭推銷、企業營運等舉動的數量，而瞄準顧客對店家滿意度所帶來的高評價，藉此增加新客戶，這可說是最明智的決定。

從顧客獲得成本算出客單價

獲得新顧客需要付出多少？

關於第二章曾稍微提及的單筆訂單成本的內容，我想再詳細解釋一下。

這主要是沒有實體店鋪的產業會重視的數字，不過**對有實體店鋪的業者來說也相當重要**。

單筆訂單成本被稱作「CPO」（請參照第101頁），CPO指的是取得一名新顧客所需的成本，可用下列算式計算：

CPO（單筆訂單成本）＝廣告宣傳費÷新客戶人數

舉例來說，假如我們以60萬元的廣告獲得5名顧客，則CPO的計算為：

60萬元÷5人＝12萬元

若是需藉由兩步行銷獲得顧客的產業，則有必要再同時看CPR這個數字。

CPR是「Cost Per Response」的簡稱，意指得到一名潛在顧客所需的成本。

■兩種行銷方式的差別

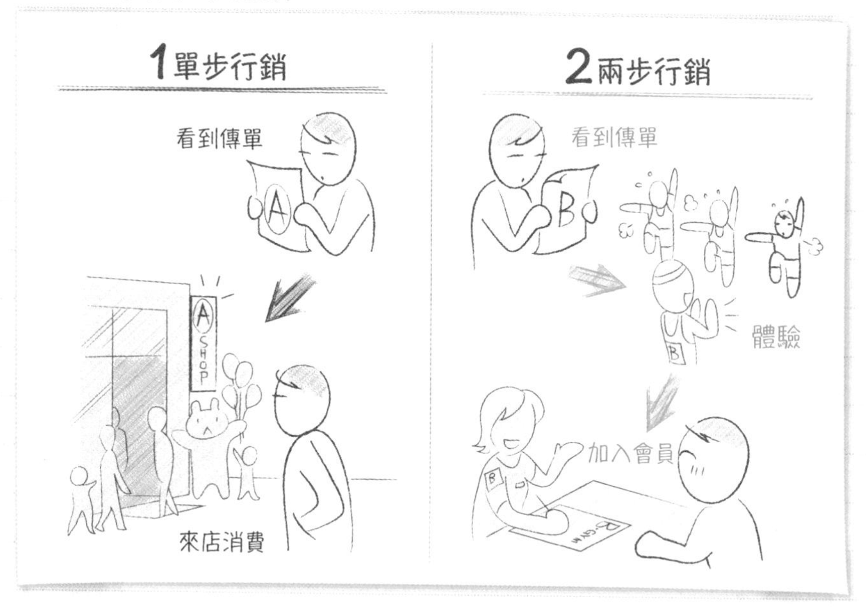

順便一提，這裡說的兩步行銷是一種銷售手段，它不會在打完廣告後立刻販售商品，而是會**先做出對商品產生興趣的潛在客戶名單，再去行銷商品**。

假如身為一名零售或餐飲業者，就可以在發送傳單後，讓顧客看到傳單而來到該場所消費，這叫單步行銷。

必須採用兩步行銷的，通常是供應的服務或商品單價高的產業。以商品來說，像是房地產或靈骨塔之類的產品就屬於這類；若是服務業，則典型的是私人健身教練和美容沙龍等。

在這類商品和服務上，即使人們見到傳單前往該店，也很少有人會突然成為該店客戶。

於是必須先設立一個步驟，舉辦一次免費或低價的體驗會或見習會，製作對此有興趣的人的名單，再去花時間針對該名單上的人推銷產品或服務。

CPR透過下列算式計算：

CPR（顧客回應成本）＝
廣告宣傳費÷有迴響的潛在顧客人數

假設透過60萬元的廣告吸引了10人來參加免費體驗活動，則CPR是：

60萬元÷10人＝6萬元

潛在顧客中有一定的比例會成為新客戶，我們將這個比例稱為轉換率。

藉由下列算式可算出轉換率：

轉換率（%）＝新客戶人數÷潛在顧客人數×100（%）

比如說，一共10人參加免費體驗，其中有5人加入會員時，則轉換率為：

5人÷10人×100（%）＝50%

套入轉換率後，得到下列公式：

CPO（單筆訂單成本）
＝CPR（顧客回應成本）÷轉換率（%）

如果CPR是6萬元，轉換率則是50%，那麼CPO等於：

6萬元÷50%＝12萬元

另外，有一個數字要跟CPO同時考量，那就是顧客終身價值（Life Time Value，以下簡稱「LTV」）。顧客終身價值也稱為「CLV（Customer Lifetime Value）」。意指一名顧客在與店家交易整個過程中，可為店家帶來的所有銷售額。

LTV（顧客終身價值）＝入會時客單價×（1－留存率）＋（入會時客單價＋留存後客單價×平均留存時間）×留存率

舉個例子，在第152頁表上的「傳單A」的情況下，假設入會時客單價30萬元，留存率為40%，留存時客單價是每月10萬元，平均留存時間則是3個月，那麼其LTV為：

30萬×（1－40%）＋（30萬＋10萬×3個月）×40（%）＝42萬元

新顧客有一定的比率回購變成老顧客，但老顧客的在會時間、使用頻率與客單價都將落在一定的範圍內。一名顧客可為店家帶來的營業額，便是顧客終身價值。

當然，只有在LTV大於CPO的公式成立時，這個生意才做得起來。

分辨單一客人所帶來的營業額

會解釋CPO與LTV，是因為我想介紹一種建構事業的手法；**這種手法是透過掌握這兩個數字來設定適當的商品單價**。

■成立私人健身房時的促銷成效範例

	傳單A	傳單B
① 傳單發送張數	100,000張	100,000張
② 傳單發送成本	600,000元	600,000元
③ 免費體驗人數	10人	4人
迴響率	0.010%	0.004%
CPR	60,000元	150,000元
④ 入會人數	5人	2人
簽約率	50.0%	50.0%
CPO	120,000元	300,000元
留存人數	2人	1人
留存率	40.0%	50.0%
平均留存時間	3個月	3個月
入會時客單價	300,000元	300,000元
留存時客單價	100,000元／月	100,000元／月
LTV	420,000元	450,000元

迴響率＝③免費體驗人數÷①傳單發送張數

CPR＝②傳單發送成本÷③免費體驗人數

CPO＝②傳單發送成本÷④入會人數

LTV：請參照第150頁的試算範例

在傳單B的例子中，CPO約占LTV的67%左右，由於需考慮人事費及其他管理費用才得以延續事業，因此這個廣告方案必須打掉重來。

舉例來說，我們可以在設立私人健身房或美容沙龍之類的事業時活用這套手法。

私人健身房是一種兩個月內客單價可達到30萬元以上的高價商品。這種高額服務最初可以收取極高的費用，但勢必會因競爭加劇而出現定價下跌的狀況。尤其現在這個時代**一項服務的傳播速度很快，所以價格下滑的速度也會很快**。

預測價格會於不久的將來下跌，所以我們一開始也考慮過把價格設定在這個行業的最低價，可是一旦單價太低，這筆生意就做不起來。

我在創辦私人健身房之際，曾經一邊發放促銷活動的傳單，一邊研究CPO與LTV。當時我嘗試了用反推的方式來決定服務單價的流程。

因為私人健身房是高單價的服務，所以需採用兩步行銷來招攬客戶。當時我們採用了這套行銷步驟：先找人來參加免費體驗會，再推薦這些潛在顧客簽約入會。

經過數個月後，再測量當下的CPR、從免費體驗會而來的簽約轉換率、以及留存率。其數值請見左頁表格。

算出每一個客人需支付多少單價後，再決定服務定價。

不只健身房，像美容院或生髮中心這種**單價比較高的服務，在開業之初都能透過計算CPO和LTV來決定定價，之後再正式展開服務**。我認為這種手法非常有效。

複合式產業的優點

透過複合式產業讓營收倍增

各位聽過「複合式產業」這個詞嗎？

這是一種**在活用既有店面下，同時經營其他事業或副業的一種事業型態，名為複合式產業**。我有一間作為核心事業開展的炸豬排外送店「KASANEYA」，它也是以餐飲型的複合式產業方式發展的。

為一家正在經營餐飲店，並且希望增加店鋪營收的店面準備一支專用電話號碼和外送用的機車。然後再到店附近的住宅或辦公大樓投遞炸豬排外送店的傳單。

拿到這份傳單的客人會打電話訂購豬排便當，就跟訂購披薩外送感覺差不多。收到訂單後，在廚房製作豬排便當，再將便當外送到府。這是一個非常單純的商業模式。

餐飲型的外送生意通常在晚間時段決勝負。因此我在晚上客人較少的蕎麥麵店、咖啡廳或拉麵店引進這項業務，藉此使總店面數持續穩定成長。

這些引進豬排外送業務的店，店營收會隨著店休日、營業時間、客群戶數、傳單發送張數、地區而有所偏差，不過基本都能在原本的營收上追加約80～350萬元左右的月營收。

要讓既有店面增加這些營業額，其必備的投資額不到100萬元。這是一個可以**活用既有店鋪，同時又是低投資、高利潤的商業模式典範**。

開闢一個與既有產業迥異的新事業

以餐飲業來說，除了複合式外送產業，還有在午餐時段不營業的居酒屋增設只限辦公室中午便當外送的複合式產業，或是在午餐時段不營業的居酒屋引進具品牌實力的午餐產業等例子。

複合式產業的優點，在於其為**同時發展一個與既有店面完全不同的商業型態，因此不用擔心會損害既有店面的營業額**。

假如一家中式餐館投注心力在中餐外送，那麼懶得上門的客人就會轉而使用外送，很有可能反倒導致店面營收下滑。不過如果這家中式餐館做的是豬排便當的外送，其帶給店面營收的影響就相當有限。

除了複合式餐飲店以外，因在加油站開設租車業務而增加店數的微笑租車（NICONICO Rent a Car）就十分有名。他們規定在租完要還車時，租車人必須加滿汽油才能歸還。

在加油站從事租車業務，不但能增加租車行的營收，還可以獲得加油帶來的營業額。

另外，大型租車公司日本租車（JAPAN Rent a car）就在店內設置KTV複合式產業。據說是因為租車行的店面在深夜也會安排員工值班，所以他們開辦這項業務以有效利用人事成本。

除了大型企業的複合式事業以外，還有美容院提供頭部SPA

（頭皮淨化或按摩）的複合式服務，或洗衣店兼做黃金買賣等案例。無論規模大小，這類複合式產業都在穩定且順利地成長。

為什麼複合式產業賺得到錢？

這麼多成功的複合式產業之所以不斷增加，是因為這種商業模式不會增加固定費用。

以餐飲店來說，店租、正職員工薪資和設備折舊費等營業費用，就算展開一項複合式業務也不會大幅增加。畢竟既有的產業就已經涵蓋了這些經費。

在外送業務上，也只追加了外送人員的人事費用，以及廣告宣傳費、機車保險和折舊費用而已。

廣告宣傳費也能用外送業務的營收支付。因此，複合式產業的成本結構，一開始就很難造成任何虧損。

店鋪生意的固定費用在營收上占得愈少，獲利能力就愈高。**由於固定費用保持不變，營收又有所增長，因此為利潤增長作出貢獻的可能性就會很高。**

以豬排外送的例子來說，如果它是屬於居酒屋這種在晚間時段很繁忙的店，有些店家還會特地將外送月營收控制在60萬元左右。外送月營收60萬元，雖說會依店家能力有所不同，但基本上這代表不僱專門外送人員也能正常運作的營收水準。

如果外送常客增加，則廣告宣傳費也只需每月6萬元就夠了。若每月的人事費與廣告費成本在10萬元以下，而月營收達到60萬元，那麼將可留下很可觀的利潤。

綜上所述，**複合式產業具備能跟既有產業併用固定成本，同時就算沒有增加大量營收也能產生利潤的成本結構**。

■複合式產業的結構不需耗費固定成本

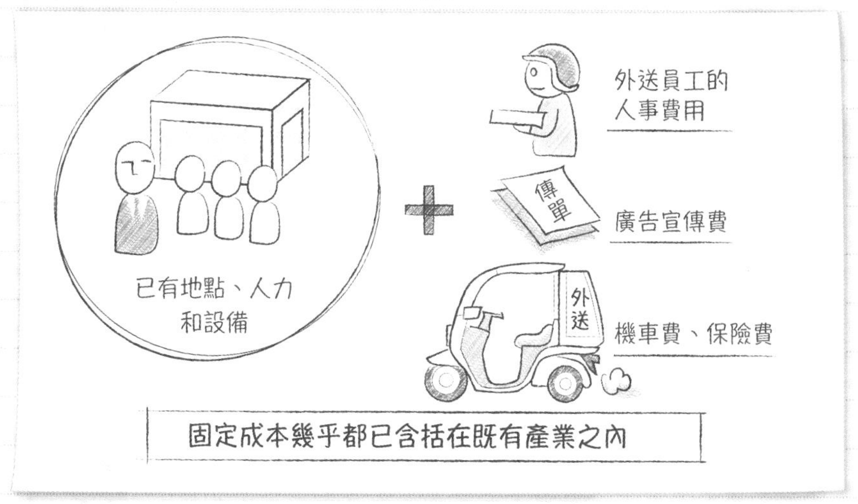

假使各位在制定策略或人才培養上感覺已碰觸到提升營收的極限，我認為選擇成立某個複合式產業會是非常實際的決定。

COLUMN

～ 專 欄 ～

如果是你是一位擁有多家商鋪的企業主，那麼我建議你僱用一名法律顧問。

只要店鋪數量增加，就會有各式各樣的客人來店消費，其中也會混雜一些素質較差的人。

在餐飲店類型的店裡，聲稱店員將菜餚灑在自己衣服上，弄髒了衣服需要賠償，並對店家糾纏不清的案例很多。為了應對這種狀況，需要事先聘請法律顧問坐鎮。

顧問費大概每個月2萬到3萬元就很夠了。只要在前述的那種客人不斷找碴時請律師出馬，找碴的客人就會馬上轉移目標到別間店身上，並且迅速離開。

因為他們的目標是錢，所以當他們認為訛不到錢時，就什麼話也不會說。要讓第一線的店長當這種客人的對手實在太嚴苛了，而且就算老闆親自應對也有可能會使損失擴大。

這種沒有生產力的事務，最好交給專家處理。畢竟我會希望在店面營運時盡量減輕第一線人員的負擔。

第5章

打造強大店面的心態

數字是為了改變未來而生

只要做出成果，數字自然會更強

現在我們已經從各種不同的角度觀察店面數字，不過**在數字分析上，唯一重要的只有改變未來**。

了解損益表的結構，養成用數字思考的習慣，培養基於數字來對話的習慣，這些都是為了正確認識現況。

一旦能正確認識現狀，解決問題的能力就會飛躍性地提高。

藉著分析數字可以看到解決問題的路徑，但是僅僅做出規劃是沒有意義的，應當讓未來的實際數字變得更好，才算是交出一張滿意的商業成績單。

一無所知和有所了解之間有著相當大的距離，然而知道與做出成績之間又存在更大的差距。

改變自己的店，使其獲得比現在更好的經營數據，這正是增強數字分析或數據的唯一辦法——就算這麼講也不為過。反過來說，如果無法改變將來的數字，那這些統統都沒有意義。

行動計畫與行動力

要說改變數字所必備的是什麼，我想會是**準確的行動計畫和行動量。這兩者相輔相成就能產生成效**。

數字的分析是為了正確捕捉問題，而一切都是為了導向正確的行動計畫。問題在哪裡、又該做些什麼，如果一開始的計畫就搞錯了這些事情，那麼肯定無法得到成果。

但是，若只制定行動計畫卻沒有行動，那無非是在畫大餅罷了。務必要採取強而有力的行動來實現這些計畫。

在見到大部分的企業家時，我總是覺得他們缺乏行動。即使有些人在會議上以數字為基礎發表了不錯的言論，但現實是，能夠將發言與行動連結的人才卻相當少。畢竟他們的行動量壓倒性地不足。

無論如何，對將來的數字影響力最大的一定是營收。就如同「營收會掩蓋一切」這句話所說的一樣，**只要有營收，就能隱藏一小部分的問題，因此也會對經營管理產生正面影響**。

事實上，不管營業規模如何，那些能使營收比去年同期更多的企業主多半活力充沛。特別是，顧客數量帶來的影響很大。營收通常會以「顧客數×客單價」來表示，顧客數量一旦提升，經營活動就會更有活力，只有那些門庭若市的店家才會生氣勃勃。

在提升店面營運裡**最重要的「顧客人數」，必須積極加以耕耘**。推出宣傳活動、研發新產品（採購新商品來賣）這種商品力的強化自不用說；作為營業方針，投遞傳單或面向企業的經商手段也很重要。

比如說，以企業為對象來經營事業，是一個不限產業種類或型態都能確實產生成果的舉動。我們所經手的美食外送等事業，只需帶著傳單到附近公司拜訪，就能馬上收到訂單。

像人力公司那樣，以企業為對象一間一間公司拜訪傾聽的營業方式，在美食外送產業上反倒惹人嫌，因此我們只會做最單純的業務：去企業拜訪，打完招呼後，將傳單放著就走。

只靠這些營收就能輕易上升，不過每個月都能這般建立行動計畫並予以實行的人才卻十分稀少。

以一個月制定1000次行動計畫來做生意，每個月便能接到80份訂單。就算心裡清楚這件事，但若不實際去各家公司推銷1000次，那做出的數據成績也不會跟以前不同。

換言之，**未來的數字會因行動量而改變**。達成一項行動計畫，並將其連到結果上，才會開始產生學會數字分析法的意義。

5-2 利益是一切的根本

採購是事業生命線

從改變未來數據的角度來看，一開始應採取的是**以提高營收為目的的行動**。再更進一步思考的話，便意味著須**使毛利額有所提升**。

毛利額的提升，如同其字面上的意義，並非提升「比率」，而是提升「額度」。

使實際「賺錢」的**毛利額增加是企業的生命線**。因此，盡可能划算地採購是非常重要的經營課題。

自古以來就有「利益是一切的根本」的說法。這句話意思是「利益從好的採購開始」，人們視其為做生意的基礎。

不過，這並不意味著只要便宜就買什麼都好，而是**要用較低的價格買到好東西，這一點很重要**。

儘管如此，還是有人會誤解「利益為一切的根本」的意義，對供應商採取強硬的交涉態度，站在殺價的立場來做交易。

這種態度真的不改不行。

供應商也是公司的一部分

一項事業是倚靠公司周遭的所有關係人而延續，這裡頭包括員工、客戶和股東等所有立場的人們。

當然，供應商也是其中的一員。透過自己的親身體驗，無論是重視客戶也好、重視員工也罷，我想各位都能理解得很透徹。

與此相同，我們也必須對供應商予以重視。

商業活動是藉由共存共榮而成立，因此不可能在一方的利益被壓迫的情況下順利進行。

這件事，我想只要以供應商的角度來思考便能有所了解。

要是合作對象每次談判都糾纏不休、只想要加點什麼東西討價還價、蠻不講理態度高壓，就算有什麼好東西也自然不會主動想賣給對方吧？

在以便宜價格購得好產品時，最先從自己喜歡的對象身上獲得的東西是人情。

而且，如果過度殺價，那麼這家供應商就會開始考慮降低商品的品質。用太便宜的價格售出商品，也會導致供應商的經營狀況惡化，因此為了帳面好看，他們可能會交付品質比以前還差的貨品。

換言之，誤解「利益是一切的根本」的意義，對供應商採取強橫態度的結果，反而會造成自己的機會損失。

在能以便宜的價格買到好東西時，可以一直維持商品品質的店家，以及品質漸漸下滑的店家，很明顯的，這兩者的顧客支持度將不斷隨著時間而變化。

漲價是增加利益的捷徑

別降價，賣出商品的正確價值

若各位已經開始著手調整進貨，降低營業成本，那麼另一方面也希望各位去思考如何抬高價格。

在考量提升營收時，**大部分的人傾向降價吸引客人的思考方式，但這種方法是錯誤的**。要在降低價格的同時增加利潤，就一定要大量增加顧客人數才行，但現實中，因利益減少而倒閉的情況卻是壓倒性的多。

首先，有兩個方向可以增加毛利額：

1　提高售價

2　降低營業成本

這兩項不該只取其一，而是應當考慮從兩個方面同時著手。我們在第93頁曾拆解並說明過營收的幾個要素，藉由同時進行多方對策，可以在最短的時間內使成果最大化。請各位務必將這一點銘記在心。

許多企業主認為售價上揚會減少客人數量，但這是錯誤的想法。的確，如果單純抬高舊有商品的價格，客人就會流失。因為跟以前一樣的東西變貴了，會想離開也是理所當然。

不過，如果雖然提高售價，卻也更進一步地提高了商品的價值，反而能讓顧客感到滿意。

提到行銷策略，儘管有人馬上會想到減價促銷，但請各位明白一件事，那就是**降價銷售必然會使業績惡化**，因此，提高價格才是正確的道路。

愈是賣不出去就愈要漲價

究竟漲價與降價之間，利潤會產生多大的差異呢？讓我們試著思考看看。接下來，會根據下一頁的算式來進行解說。

舉個例子，假如1000元的商品漲價100元的話，多出來的這100元不只是毛利潤的增加，還直接關係到營業利益的增加。

因為人事費用不會隨著漲價而提高，所以這部分調漲的金額就會直接成為利潤。

順便一提，如果此產品的成本為300元，於營業費用7萬元的情況下，只要以1000元的價格賣出100個產品，就可以達到損益平衡。

在這種狀況下，若將價格提高為1100元，那麼以漲價部分的100元乘以100個，等於獲得1萬元的利潤。

接著我們反過來降價100元。這麼一來，單一商品的毛利潤變成600元，要達到損益平衡，必須將銷量從100個增加到117個才行。要是銷量維持100個不變，營收反倒會下跌1萬元。

此外，為了獲得販售100個1100元商品所產生的利潤，900元的商品必須賣出134個才可以。綜上所述，要在降價100

■以收支平衡的情況逆推營業費用

=收支為0

利潤 = 營業費用

1000元 × 100個

(售價1000元－成本300元) × 100個＝70000元

營業費用＝70000元

＋100元

1100元

100元 × 100個 = 10000元的利潤增加

■將1000元的商品降價100元時

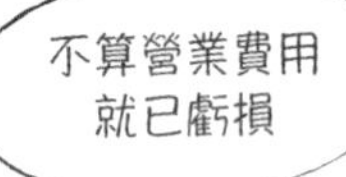

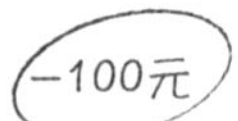

900元

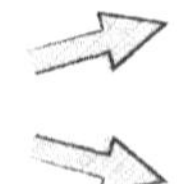

(900元－300元) × 100個＝60000元

(900元－300元) × 117個＝70200元

勉強計算
營業費用後的
收支平衡

價格降低的金額，
必須用提升銷量來補足

元的狀態下，得到跟漲價100元時相同的利潤，得增加34%之多的銷量。

除非能像這樣大幅提升銷量，不然降價也只不過是一個造成利潤減少的失敗策略。

就算只是從這個角度出發，也還是要請各位務必在銷售物品或服務時，盡可能絞盡腦汁提高售價。

在如今這個年代，只要擁有同業中其他公司無法辦理的嶄新服務，像是送貨到府、優厚的維修保養、研發或採購具技術能力且只有自家店面才能提供的商品等，就能避免陷入價格競爭之中。因此，若能透過這個視角，提出具有全新附加價值的提案，或是生出新的產品創意，那或許將是一件好事。

養成一個習慣，讓自己在商品賣不出去時，轉向思考提高價格的可能性。如此一來，成功率應該會比降價高出許多。希望各位再重新參考一下本書第3章所描述的內容。

領導力比分析能力更重要

領導力足以改變數據

要實際改變數字，最重要的是領導力。因為一家店基本上是以組織的型態在運作的，所以若無法統合組織，數據就不會有所改變。

讓所有人的心向同一個方向前進，這種領導者才有的力量絕對不可或缺。

反過來說，**如果可以將員工的心組織在一起，就很有可能做出自己一個人肯定做不到的巨大成果**。

商業上有一種叫做資金槓桿的概念。資金槓桿雖然指的是槓桿原理，但也有在投注同樣的心力時，如何獲得更多的結果的意思存在。

舉例來說，可透過電子報吸引來的讀者人數正是槓桿的體現。在一份電子報出刊時，若有1%的讀者因此購入商品，即每100名讀者便賣出一個，每1000名讀者就賣出10個，每10萬名讀者賣出1000個……在這種情形下，商品銷售數量（即營收）會與讀者人數成正比增長。

■在電子報行銷上善用槓桿時

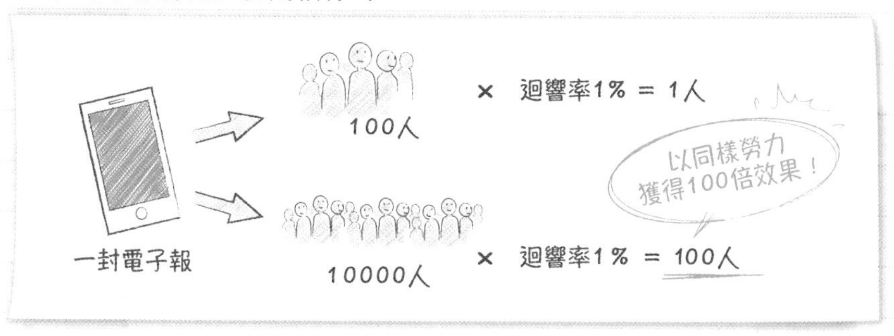

另一方面，不論有多少讀者，編寫電子報的工作量都是相同的。要是打算分出與撰寫電子報同樣的時間與勞力的話，建議盡量增加讀者人數以提升銷量會比較好，這是一種有效利用槓桿的思考模式。

商業上的槓桿是資金和組織。若動用大筆的資金，就能得到相應的壯大成果。然而，比金錢更有效的槓桿是組織。**雖然一個人可以做到的事情不怎麼多，但只要推動一個龐大的組織開始運轉，便能夠留下偉大的功績**。讓組織動起來所得到的成果，遠比資金槓桿還要多出許多。

一個人做生意，以及十個人做生意，兩者的結果將相差十倍。由於店鋪是藉由一個組織來經營的，所以讓組織整體的工作成效最大化會直接關係到成果的最大化。

每天潛移默化你的目標值

發揮你的領導力時，最重要的是要**用數字表示出具體的目標**。在啟動巨大戰艦之類事物的當下，如果不知道目的地，那麼負責運作的人只會因為不知所措而陷入混亂。

與此相同，**必須確切告知店裡工作的員工「該前往的方向」和「該怎麼努力」，否則就沒有辦法達成目標**。

商業的共通語言是數字，以數字表達目標可讓組織內所有人的目標一致化。

只要將具體的目標數值化，組織就會朝著這個目標邁進。然而，要將具備不同價值觀的員工引導到同一個方向並不容易。

對於整合一個既有價值觀差異甚大的組織，最有效的辦法是提出經營理念。任何公司都有自己的經營理念和經營目的，而我們要做的是**每天將這些經營理念或目的告知員工**。

人類無法透過一兩次的對話就能理解對方。**藉由花費相應的時間一遍又一遍地傳達同一件事，就能一點一滴地改變人的意識**。從這層意義上來講，或許那些反覆說著同一件事的店長，其實才是能作為一名真正的領導者將組織整合起來的人。

在居酒屋業界曾流行一段時期的「朝會」，就是一種將理念灌輸給員工的絕妙手法。每天喊著一樣的口號、或是每天以經營理念為基礎報告營業狀況等，像這樣去舉行朝會，即使只有一點點，也要不斷將理念潛移默化給員工。

如果因為排班問題很難執行朝會的話，可以活用手寫筆記或LINE等方式謀求交流。基於同樣的價值觀去跟員工對話，對於打造出一個可以發揮領導力的土壤是非常重要的事情。

 用讚揚嘉許提升員工動力

對員工來說，店長與企業主彷彿是父親般的存在。在員工的潛意識裡，店長絕對是處在父親的位置。

小孩努力讀書，是因為內心擁有一個想被父母稱讚的願望。小的時候，只要成績提升就會被父母稱讚，請試著回想一下當時的情景。是不是會感覺很幸福，而且打從心底湧出想更加努力的熱情呢？

長大以後，這種意識也殘留在我們的心裡不曾改變。因此我們必須知道，**在員工士氣上揚，發奮努力工作的背後，其實有著一個想被誇讚的欲望**。

在員工依循理念行事時，請在朝會上徹底誇他們一把。被稱讚會激發人們反覆進行同樣行為的動力，而且人類是一種會喜歡認同自己的人的生物，因此也能藉此強化員工對店長的信賴感。

信賴感愈強，團隊就愈強，自然也就更容易取得令人滿意的結果。

走向第一之前的道路

就算市場小也要占據第一

我敢說，中小企業或小型商鋪的經營策略是在任何領域都能成為第一的方法論。

如果一家企業可以成為某個領域的第一，那麼它的經營狀況就會很穩定。所謂的第一，指的是成為「市占率第一」。

我曾讀過一篇雜誌上的文章，文中指出日本的資產家絕大多數是中小企業的企業主，特別是製造業的老闆很多。畢竟那些製造業老闆幾乎壟斷了大公司不會插手的小型市場（約3億元左右），最後才得以成為一名資產家。

像他們一樣，**不管市場多小，只要成為那片市場中的第一，可以的話就成為壓倒性的第一**，這樣便能由自己來決定市場價格，利潤也會因此暴增。

同樣地，無論是服務業、還是零售業，都必須思考自己如何在那個領域當第一。

若在龐大的市場中，與其他公司齊頭並進地提供商品和服務，就無法擺脫價格戰的陰影，並且會一直痛苦地經營下去。

許多店鋪無法成為第一的原因，是由於他們的市場範圍太過寬廣。因此，**細分現在的市場，找出自己有勝算的領域**是很重要的。需在商品、顧客、地區等要素中，找到可以讓自己成為第一的部分。

以蔬果店為例，如果自己所在的商圈出現了強力的競爭對手，使自己很難作為一家蔬果店贏得這個領域的第一，那麼看是要只有西洋蔬菜的銷量獲得第一、只有水果種類數量獲得第一、還是販售水果加工產品獲得第一都好，總之要透過逐漸縮小範圍來找到感覺可以贏過競爭對手的目標區域。

■蔬果店的差異化示意圖

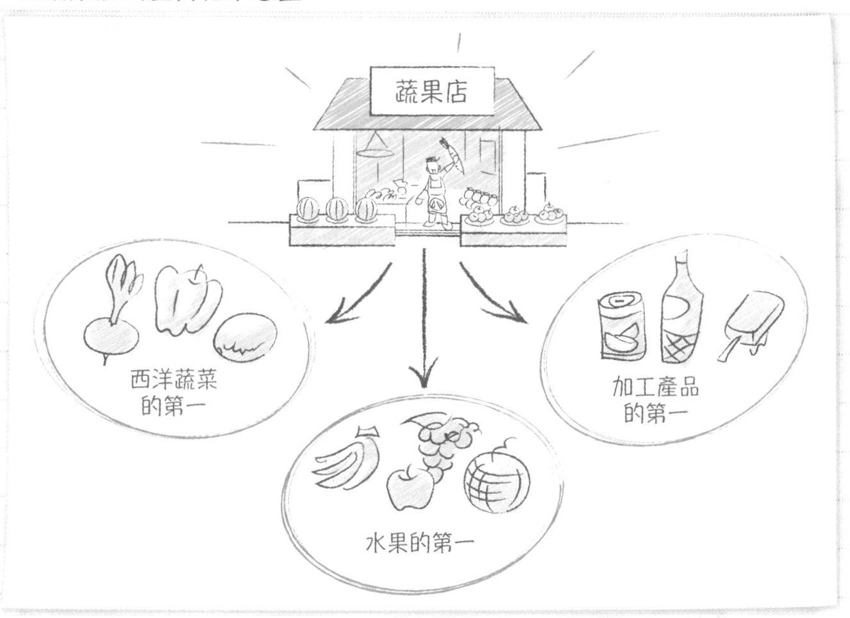

若已經是某個領域的第一，則是集中精力去做，不然也可以考慮去當一個競爭對手弱勢領域中的佼佼者。

假使競爭對手很強，那麼直接挑戰對方並取得勝利應該會很難吧。

要是有似乎能成為第一的商品、顧客、地區最好，但如果沒有，那就請在只存在比自己弱的競爭對手的市場中謀求活路。

聚焦單一地區，實施差異化

服務業最實在的選擇是細分區域。

像餐飲業這種很難進行差異化的行業，鎖定地區範圍尤為重要。集中在自家公司有勝算的地方開店，並在當地提高自己的市占率，藉此以使餐飲業原本浮動的業績穩定下來。

我認識的人裡，也有好幾位老闆是聚集在市場很小的小城市車站前開店，然後因獨占當地區域而獲得成功的。

首先，要將經營資源匯聚在足以成為第一的特定主題（市場）裡。

專注於一個主題，也意味著不要同時將經營資源投入其他事業中。

只要找到一個有勝算的市場、或是足以成為第一的主題，就在其中專心致志地耕耘；在除此之外的業務上，則須將其所占據的經營資源份額盡可能最小化。

重要的是，讓經營資源貧乏的小型商舖藉由經營資源的集中，在特定市場（商品、服務、地區）裡變得壓倒性地強大，使他們的業績得以穩定下來。一旦業績穩定下來，就能在比這個市場稍大且利潤高的市場開展新的事業。

透過重複實施這個循環，中小企業將大大地成長茁壯。

從顧客視角來考量並聚焦自身魅力

與其他店家的差異化也源於聚焦的作為。**所謂差異化，指的是提供一個與別人不同的魅力。**

這個魅力的差異，如果不是從顧客的視角來看就沒有意義。

比如說，開設一個拉麵生意，再透過顧客服務來差異化並沒有意義，因為客人不會在拉麵店裡尋求親切舒適的顧客服務。

創造出跟其他店家的差異的，是聚焦於一點所產生的「店鋪優勢」。

如果想用顧客服務來實現差異化，就要徹底教育人才，讓自己擁有能完全凌駕於其他店家的顧客服務能力。

假如要透過商品功能來進行差異化，則是仰賴對這個商品的探究心，並生出一個足以大幅勝過其他店家的商品。

就算是採用差異化策略，也可以依靠聚焦的動作來邁向實現的道路。

總之，到成為市占率第一為止，透過鎖定市場，反覆深思自己在這塊市場的優勢，就能產生與其他店家的差異，讓中小企業大幅成長。

經營計畫的建立方式

以五年一個循環來設立目標

經營公司通常會基於經營計畫來進行。若毫無計畫，想到哪做到哪，公司就無法維持下去。

在現在這個變化快速的時代，可能五年就足以算是一個長期的經營計畫了。不過，我們也必須懷抱五年後的目標去面對經營事務。五年的時間已經能充分做出一系列重大改變了。

店面的經營也是別無二致。只追求這個月跟下個月的營收定額，店鋪營運漫無計劃，長期下來就無法追上市場變化的腳步。

因此**店長也必須設置為期五年的商店目標，並且將其作為整家店的未來願景傳達給所有員工**。

如果是一名連鎖店的店長，因為經常人事異動的關係，或許會認為很難考量五年這麼長時間的事，但是如今必須改變這樣的想法。

即使調到其他分店，也只要將計畫託付給下一位店長就好，而且最重要的是，學會以五年為一個跨度思量經營計畫的技能對你來說很有意義。

在處於被動狀態下做生意是感受不到一丁點的樂趣的。學會自己保持積極主動的態勢很重要。而且，擁有這種心態的店長一

178

定會引起老闆的注意，並被委任更重要的工作。

預測環境的變化

若各位思考了五年後的計畫，那應該會發現，**掌握時代變遷是執行經營企劃上最重要的要素**。

請試著回想一下從現在開始五年前的經營環境。各位應該會這麼想：那簡直是以不同的邏輯在驅動的市場。

五年前或許出現了我們無法想像的變化，但未來五年將會發生更大的變化。**解讀變化並做出對應是經營的本質。**

舉例來說，居酒屋在過去五年中發生了非常劇烈的變化。首先，年輕人開始不愛喝酒，吸菸率也持續降低。

居酒屋產業的本質是提供人們交流的場所。然而，比起在有菸味的居酒屋吃飯，如今的年輕人們更想聚在家庭餐廳或咖啡廳聊天。

再加上，智慧型手機的普及也有影響。與其在餐廳閒話家常，還不如玩掌機遊戲或手機來消磨時間。結果，居酒屋的市場如今已縮小到巔峰時期的三分之二。

隨著網路的出現，社群網站或美食評論網也深入我們的生活，因此現在選擇店家不再靠店家自己張貼的資訊（即廣告），而是憑藉信任的熟人的口碑，或是評論網站上的情報來決定。

大型居酒屋連鎖店的業績表現不佳，正是受到這種時代變化的影響。畢竟大型居酒屋連鎖店幾乎沒什麼特色，而且他們要將流程作業化，所以也無法提供專家級的手藝料理。

居酒屋是鎖定商品與客群後專賣店化的行業，因此必須更努力縮小目標客群、贏得客人的信賴與滿足。

這種趨勢今後也將持續下去，**如果不讓商店理念更明確化，認真培養烹飪技術高超的人才以提升商品品質的話，就無法在市場中取勝**。

大概像是這種感覺，首先第一步是**大致預測自家店面所處的經營環境**。然後必須針對該採取什麼行動才能對應這些變化，想出一個大略的框架。

從現在開始一點點地做準備，以預測五年左右的變化，並因應這些變化展開行動，這一點很重要。

首先要把願望當作目標

另外，在建立計畫之際，重要的是**不要為時代的變化尋找更深的根據**。真實的事件與令其變化的因素很複雜，通常無法用一句話來表達。

因此，**請先在數字目標上描繪出自己的願望**。可以的話，盡量將目標利潤設定成兩倍左右也很不錯。

就算預測所處的經營環境，也不可能做得出細緻又精確的預測，所以我覺得粗略地預測重大變化很重要。

或許有些人會想，反正這計畫都不準確，那建立這樣的計畫有什麼意義嗎？不過，**每年製作這種不準才正常的計畫的原因，其實是要讓各位了解計畫與實際成績的差異**。

藉由了解計畫和實績之間的差距，才能將未來的行動調整成更恰當的方向。

同時，這也會讓我們更正確地理解市場。計畫與實際成績的每一次比較，必定可以提高計畫的準確性。

我想，在這過程中，填補計畫和實際成績之間差距（問題）的方法也會漸漸變得更清晰吧。

5-7 提出一個遠大的目標

設立一個自己無法想像的目標

前面曾提過，制定經營計畫的意義有兩個，一是預測變化、順利應對，並藉此提高店鋪生存的可能性；二是將計畫與實際成效的差距「可視化」，以便提升下一個計畫的準確性或解決問題的精準度。

建立經營計畫時的重點是，**制定一個以當前成績來說不能想像的高遠目標**。像是在五年之內利潤翻倍，或是營收成長兩倍之類的。

無論如何，**擁有一個以目前的狀態無法想像的目標**是有其意義的。透過胸懷遠大目標，讓自己漸漸可以描繪出一個從未有人見過的全新經營策略。

我曾聽說過這樣的事情：為「縮減10%成本」絞盡腦汁，卻怎麼也想不出辦法；但一旦轉向思考「降低一半成本」的方法，就達到了目標。

與此相同，一個無法觸及的目標反而比可想而知的目標有更高的實現機率。

心懷偉大目標的效果還不只這樣。

各位的**目標愈大，而且愈認真看待這個目標，就愈能提升那些與各位一起工作的員工的動力**。

領導者的目標會直接關係到員工的動力。當然員工也是有著「利潤增加時薪也會變多」的打算，不過就算如此，員工熱情高漲跟店家變得更強也有著同樣的意義。

大部分的員工都沒辦法自己描繪出自己的夢想。因此，身為店長的你才要替他們規劃好這個夢想。

假如你是一名店長而老闆別有他人，你不覺得跟只想維持現狀的老闆比起來，身懷偉大夢想而活的老闆更讓人想要追隨嗎？你的員工也是這麼想的。

培養發現問題的直覺

經營活動上的「問題」，指的是目標與現實之間的鴻溝。**目標愈大，跟現實之間的差距就會愈大，所以也能因此「發現」更多的問題。**

能夠察覺到許多問題的所在，僅僅如此，也證明了成長速度有在變快。店鋪的經營指的自然是發現問題之後予以克服，而克服的問題愈多，這家店就愈堅強穩固。

再加上，一旦發現的問題數增多，就不可能獨自解決問題，因此員工的培育就變得更為必要。

目標愈高，對員工的要求就愈高。根據員工個性的不同，說不定也有人會感覺自己被強塞了不可能的難題。

但是這樣就好。**一名心懷遠大目標的店長會持續朝著那個目標盡心盡力地活下去；只要能看著這樣的店長，就一定會出現選擇追隨這個身影的員工。**

另一方面，或許也有員工會選擇離開，但以結果來說將產生一個良性循環，使得不想工作的員工就算到職了也很快就會離開，最後只留下那些認真工作的員工。

所謂的少數精銳，意思是以較少的人數完成工作並形成一個菁英團體，而不是說只僱用那些少數會做事的員工。

發現更多的問題、提高員工積極性、找出更多的策略、用更快的速度解決問題（即改革業務）、組成一個充滿勤奮員工的組織並變得更強大……像這樣，設定一個高大的目標，對營運店面而言全是好處。

當然，高大的目標不需要什麼根據。

畢竟，領導者不必為幾年後的目標找到一個依據，而是必須**以自己的意志，來實現自己當初訂立的多年後的目標**。

5-8 用反向逆推改變未來

思考模式要經常「逆推」

一旦設立了遠大的目標，就請養成從那個目標往前逆推規劃的習慣。

假使我們將五年後的利潤目標設為現在的兩倍。也就是，如果現在的營業利益是每月60萬元，五年後就要賺到每月120萬元的營業利益。

想像五年後每月獲得120萬元營業利益的畫面，再從那裡開始逆推。四年後的營業利益是每月110萬元、三年後是90萬元、兩年後為80萬元、明年則是70萬元……按照這種感覺，從五年後的目標開始逆推，逐一安排好整個五年計畫。

別從現在這個時機點向上累加利潤目標，而是**依照五年後的目標往前逆推出現在的目標，這一點非常重要**。

身為一名經營者，應該要不斷使用逆推的思考模式。就算最後是得出相同的數字，但用累加手法跟用逆推手法的思考模式完全不同。其中所隱含的意義重大。

請先牢牢記住這一點。所謂的「逆推」，是經營者必備的思考方式。

計畫要設定兩年份

在懷抱遠大目標，並透過逆推建立好今年的計畫後，就要開始反覆琢磨可以實現這套計畫的方法流程。

擬定計畫的重點是做出兩年份的計畫。

在如今瞬息萬變的時代，應製作五年的長期經營計畫和兩年的中期經營計畫。中期計畫會以兩年為單位，是因為我認為它是準確表現出經營者「三年太長、一年太短」的經營觸覺的一個時間軸。

在研擬兩年份經營策略和行動計畫時，請一定不要改動五年後的遠大目標。當然，若有更高的目標倒也不錯，但絕對不可以輕易往下調整。

每年都要更新這份以兩年為期的中期計畫，就算半年後整個重做也沒關係。無論如何，**不要執著在做好的策略或行動計畫上，而是要因應當時的情況臨機應變**，這一點十分重要。

成為一個可描繪藍圖的人

不管是成功登上山頂、還是興建高樓大廈，都必須要有一份藍圖。這世界不存在沒有藍圖就能蓋好的高樓大廈。

登山會制定攀登高山的計畫。從預定登頂那天開始往前逆推，登頂前一天要在這塊地點紮營、登頂前兩天則是在這裡……大概像這樣，從作為目標的終點開始往前逆推，設計整條路線。

高樓大廈的建造則是會先畫好藍圖並推估預算。決定好建築驗收日，再從那一天逆推，計算規劃建築工程所需的天數和人數。然後安排好每一天的工作量，穩定地推進建設作業，某天一棟大樓就這樣完成了。

企業與店面的經營也跟這些例子一模一樣。

一開始是**描繪五年後應該成為的樣子**。這裡務必要用數字來描述。

之後**想像在達到那種目標前的策略，暫且先去實施**。接受實行後的結果，加強成效不錯的對策，修改效果不佳的方案。經由不斷重複這個過程，某天便超越了既定的利潤目標。

走一步算一步的店面經營方式，以前面的登山為例，就跟什麼也不想，單純在山腳下打轉的狀態沒兩樣。在不斷走到相似區域的時間裡，人生就已然結束。

總之，讓我們抱持一個偉大的目標，並從那裡開始逆推吧。

透過每天不斷迎來的挑戰，你和那些支持你的人應該都能擁有一個滿懷充實感的愉快人生。

◈結語

不曉得各位對本書的感想如何呢？

本書主旨是「從小型店鋪的數字中成長茁壯」，但本書卻將數字分析和各種經營指標的說明抑制在最低限度上，重點解釋了改變將來數據的辦法或思考方式。

這此內容，可以說是我在長時間的實業家生活中建立起來的經營基礎。

因為實業家的立場是要獨自一人對結果負擔全責，所以自然會特別在意能產生期望成果的行動，更勝於去分析數字。

要在商業的世界裡做出成果，必須兼備商業技巧和作為人的能力兩面。本書所解說的「在解讀數字時決定行動方向」正是商業上的技巧。技巧會隨著持續的學習與經驗而增長。因此我還是希望各位可以繼續進修。

我這一生也一直保持著學習的心態。雖然追求提高營收的技術的人很多，但重要的是去學會那些更為基本的原理原則，然後發起實際行動化為自己的經驗。衷心希望各位不要忘了這一點。

另外，作為人的能力也可以說是「吸引人的力量」。在商業上，便是吸引客人及以一起工作的員工為首，各種合作者的力量。那種力量就等同於吸引良機的力量。

作為人的能力是透過不斷疊加情感激烈波動的經驗而習得，比如說「成功」或「挫折」之類的。

188

換言之，要提升自己作為人的能力必須兩種方面都要兼備，像是艱苦或挫折這種負面經驗，以及與之相反的那種「所有事情都如預期進行並且獲得成功」的正面經驗。

只有艱苦或只有成功無法提高自己作為人的能力。要去翻轉不如自己預期的狀況也必須得有他人的協助。為了成為一個能獲得更多人提供助力的人，要能去追求努力自助或不怪罪他人的生存方式。

是的，一切都由你自己決定。

不管是什麼樣的想法，都能藉由強烈的願望而實現。一起懷抱偉大的目標和夢想，認真地度過每一天吧。

我想，這才是不會讓人生留下悔恨的最佳路線。

2015年2月　　SBIC董事長　鬼頭宏昌

【作者介紹】

鬼頭宏昌（Kito Hiromasa）

◉——現任餐飲業、服務業等眾多加盟連鎖店的負責人。他將小規模店家的成功過程模式化，應用在各式各樣的產業型態中，並取得了一定的成果。

◉——大學肄業後，22歲時進入其父所經營的MAKOTO股份有限公司任職（後來公司更名為「Q'ds Factories」），並把該年度才開辦的居酒屋「旗籠家櫻店」發展成餐飲界內數一數二的名店。後來公司由盈轉虧，於是他在25歲時接下經營重擔，以徹底的數據管理與嶄新的展店策略等手法作為武器，讓公司在六年內成長成一間擁有20家店（皆為直營店），年銷售20億日幣的連鎖餐廳。其後又將該公司培養成優良企業，最終在31歲時轉手賣出。

◉——接下來，他成立了FUTURE CONNECT（現為SBIC股份有限公司），在親自處理撰書和顧問工作的同時，也將公司設為外賣加盟店總部，創立炸豬排和披薩的外送事業。除此之外，他也進軍婚友社、健身房、社福事業等領域，致力協助人們經營小型商鋪。

◉——其出道著作《小型餐飲店的成功聖經：一路走來，從虧本公司到年銷售額20億的大企業》（暫譯）相當暢銷，書中那套邏輯思考和不受常規所囿的創意為各方讚不絕口。其他還有《小小餐飲店 真正的店長聖經：集客與人才管理的新常識》（暫譯，以上均為日本Index Communications出版）等著作。

國家圖書館出版品預行編目(CIP)資料

開一家會賺錢的店：店長必讀!收入穩定、集客獲利的原理 / 鬼頭宏昌著；劉宸瑀, 高詹燦譯. -- 初版. -- 臺北市：臺灣東販, 2020.03
192面；14.7×21公分
ISBN 978-986-511-268-4(平裝)

1.零售商 2.商店管理

498.2　　109000950

URIAGE・RIEKI WO NOBASU! CHIISANA OMISE NO SUJI NI TSUYOKUNARU HON by Hiromasa Kito
Copyright © 2015 Hiromasa Kito
All rights reserved.
First published in Japan by KANKI PUBLISHING INC., Tokyo.

This Traditional Chinese language edition published by arrangement with KANKI PUBLISHING INC., Tokyo in care of Tuttle-Mori Agency, Inc., Tokyo

開一家會賺錢的店
店長必讀！收入穩定、集客獲利的原理

2020年3月1日初版第一刷發行
2024年3月1日初版第三刷發行

作　　者　鬼頭宏昌
譯　　者　劉宸瑀、高詹燦
編　　輯　曾羽辰
特約美編　鄭佳容
發 行 人　若森稔雄
發 行 所　台灣東販股份有限公司
＜地址＞台北市南京東路4段130號2F-1
＜電話＞(02)2577-8878
＜傳真＞(02)2577-8896
＜網址＞http://www.tohan.com.tw
郵撥帳號　1405049-4
法律顧問　蕭雄淋律師
總 經 銷　聯合發行股份有限公司
＜電話＞(02)2917-8022

著作權所有，禁止轉載。
購買本書者，如遇缺頁或裝訂錯誤，
請寄回調換（海外地區除外）。
Printed in Taiwan.